Roger Lovegrove / Philip Snow

Folg ich dem wechselvollen Lauf der Flüsse

Roger Lovegrove / Philip Snow

Folg ich dem wechselvollen Lauf der Flüsse

Gerstenberg Verlag

CIP-Kurztitelaufnahme der Deutschen Bibliothek

Lovegrove, Roger:
Folg ich dem wechselvollen Lauf der Flüsse
Text von Roger Lovegrove. Ill. von Philip Snow.
[Aus d. Engl. übertr. von Elmar Kreihe].
1. Aufl. – Hildesheim : Gerstenberg, 1986.
Einheitssacht.: River birds <dt.>
ISBN 3-8067-2031-2

NE: Snow, Philip:

Aus dem Englischen übertragen von Elmar Kreihe
Die Originalausgabe erschien unter dem Titel
»River Birds« bei Columbus Books, Bromley, Kent
1. Auflage 1986

Gesamtherstellung Druckhaus Joh. Weisbecker, Frankfurt/M.
ISBN 3-8067-2031-2

Inhalt

Plädoyer für die Flüsse 6
Die Quelle 9
Der Oberlauf 33
Mittel- und Unterlauf 57
Im Stadtgebiet 85
Die Mündung 109
Index 127
Weiterführende Literatur 128

Plädoyer für die Flüsse

Flüsse sind etwas Besonderes, das die meisten Menschen jedoch allzu oft als etwas Alltägliches ansehen. Überall auf der Welt transportieren Flüsse und Bäche das Regenwasser, das in den Bergen niedergeht, zum Meer zurück. Dort verdunstet es, wird zu Wasserdampf und schließlich wieder zu Regenwasser. Jeder einzelne Fluß ist ein entscheidend wichtiger Teil dieses Wasserkreislaufs. Auf seiner Reise bewässert er das Tal, das er selbst ausgewaschen hat, und versorgt es mit Erdreich, das er aus den Bergen herabbefördert hat. Kein anderer Einzelfaktor hat einen solchen Einfluß auf die Siedlungsgeschichte des Menschen und seine Fähigkeit zum Überleben ausgeübt wie das Vorhandensein von Süßwasser in den Flüssen. Der Mensch hat im Laufe seiner Entwicklung – ähnlich wie viele andere Lebewesen – gelernt, mit erstaunlich extremen Umweltbedingungen wie Hitze, Kälte, Unfruchtbarkeit des Bodens fertigzuwerden. Die einzige Voraussetzung dabei war, daß ihm klares Wasser in der einen oder anderen Form zur Verfügung stand. So haben die Wasserläufe auf ihrem Weg zum Meer die Evolution des Menschen seit eh und je entscheidend beeinflußt. In manchen Teilen der Welt (beispielsweise im Niltal, am Tigris, am Euphrat und im Pandschab) entwickelten sich ganze Hochkulturen in linearen Korridoren entlang den Flußtälern. Sie waren von der stetigen Wasserversorgung durch den Flußlauf vollkommen abhängig.

Die Dichter, Schriftsteller, Maler und Komponisten haben sich durch Flüsse und Flußtäler zu allen Zeiten und in allen Ländern inspirieren lassen. Wenn man sich vor Augen hält, wie viele verschiedene Tiere in und an den Flüssen existieren und wie wunderschön viele Flüsse sind, dann versteht man ohne weiteres, warum sie unsere Vorstellungskraft so sehr anregen können. In unserer modernen, technisierten Welt steht uns jedoch so vieles auf Knopfdruck zur Verfügung, daß die wichtige Rolle, die die Flüsse in unserem normalen Lebensablauf spielen, leicht in Vergessenheit gerät. Sie haben nicht nur in den meisten Fällen die entscheidende Rolle gespielt, als es darum ging, an welcher Stelle unsere Städte und Dörfer angelegt wurden, sondern sie haben auch das Aussehen der uns umgebenden Landschaften entscheidend mitbeeinflußt. Noch heute decken sie in den meisten Landstrichen direkt unsern Bedarf an Wasser, bilden darüber hinaus wichtige Erholungsgebiete und übernehmen den Transport unserer Abwässer.

Demzufolge sieht jeder von uns den Fluß in einem anderen Licht: Was für den einen ein ästhetisch befriedigender Anblick ist, mag für andere ein unangenehmes Risiko, ein Planungsproblem, ein Ort der Erholung oder eine wasserbautechnische Herausforderung sein. Soweit es das Artenspektrum und die Anzahl der dort anzutreffenden Vögel und anderen Tiere betrifft, bietet das Flußufer dem Naturfreund und Vogelbeobachter sicher mehr Möglichkeiten als jeder andere Lebensraum. Außerdem lassen sich die Tiere dort vergleichsweise am bequemsten anschauen. Das liegt daran, daß der Fluß nun einmal von Natur aus lang und schmal ist.

Ich hoffe, daß dieses Buch denjenigen einen ersten Anstoß zum Beobachten und Erforschen der Vogelwelt gibt, denen bisher nicht bewußt war, wie unermeßlich reich das Vogelleben ist, das man an Flüssen aufspüren kann. Denen, die mit diesen Vögeln schon vertraut sind, wird das Buch sicherlich helfen, ein tieferes Verständnis für sie zu entwickeln, und es wird ihnen die grenzenlose Vielfalt der Gefiederten wieder vor Augen führen. Diese Vielfalt demonstrieren auch die ausgezeichneten Illustrationen von Philip Snow, einem Künstler, dessen Arbeiten in letzter Zeit weithin bekanntgeworden sind und der als Vogelmaler und Illustrator mit Sicherheit in den nächsten Jahren noch mehr von sich reden machen wird.

Ich habe auf den folgenden Seiten den Versuch unternommen, einen Flußlauf mit den dort lebenden Vögeln von der Quelle bis zur Mündung, von den Bergen, wo die größeren Flüsse entspringen, bis zum Mündungstrichter, wo sie sich ins Meer ergießen, nachzuzeichnen. Es handelt sich dabei um einen fiktiven Fluß, obwohl ich oft auf den Severn – gewissermaßen als Urbild eines Flusses – Bezug nehme. Die Kapiteleinteilung des Buches entspricht den klassischen Abschnitten eines jeden Flusses: Er entspringt hoch oben in den Bergen, wo er sein Wasser aus dem wie ein Schwamm mit Feuchtigkeit gesättigten Untergrund bezieht. Der junge Wasserlauf stürzt sich von dort direkt zu Tal. Oft ist das Gefälle so stark, daß er unmittelbar über den nackten Fels rauscht. Wasserfälle und steilwandige Schluchten und Fließrinnen, die durch die Erosionskraft des Wassers ausgewaschen wurden, sind für diesen Abschnitt charakteristisch. Sobald der Fluß die steilen Hänge hinter sich gelassen hat, verringert sich das Gefälle, obwohl die Fließgeschwindigkeit immer noch hoch ist. Stromschnellen und Strecken, in denen große Felsblöcke im Wasser liegen, bestimmen das Bild; die mächtigsten Blöcke, die der Fluß aus dem Berg herausgearbeitet hat, vermag das Wasser nun nicht mehr zu bewegen.

Sobald der Fluß das Bergland endgültig verläßt, ändert sich sein Aussehen erneut; drunten in der Ebene bilden sich Mäander. Auch das V-förmig eingeschnittene Kerbtal, das der Fluß in den Bergen gebildet hatte, existiert nun nicht mehr. Der Großteil des aus Kieseln und grobkörnigeren Sedimenten bestehenden Geschiebes wird jetzt, da der Fluß die Ebene erreicht hat, abgelagert. Aus diesem Material entsteht eine Vielzahl von Landzungen und Inselchen. Außerdem kann der Fluß jetzt sein Bett wechseln; oft sucht er sich im weichen Auenboden einen neuen Weg. Hat er dann die Brackwasserregion erreicht, führt er nur noch die feinsten Sedimente als Schwebstoffe mit sich. Sie trüben das Wasser und reichern den fruchtbaren Boden im Einflußbereich der Gezeiten mit neuen Nährstoffen an.

Dies ist sozusagen ein Beispiel aus dem Lehrbuch, aber nicht unbedingt jeder Fluß entspricht diesem Schema. So entspringen beispielsweise viele kleinere Flüsse der Tiefebene im Süden Englands in den sanft geschwungenen Hügeln aus Kalkstein. Diese Flüßchen weisen keines der typischen Kennzeichen und keine einzige der Vogelarten auf, die an den Bergbächen mit ihren tosenden Wassermassen leben. Vielleicht sind sie deswegen weniger interessant, denn das Vogelleben beschränkt sich dort auf die Arten, die charakteristisch für die Tieflandabschnitte sind.

Es gibt noch einen weiteren Begriff, den ich meinen Lesern, die sich eingehend mit diesem Buch befassen, gern klar definieren möchte: Was meinen wir eigentlich, wenn wir von einem »Fluß« sprechen? Ich denke dabei nicht an die Länge oder Tiefe des Flusses, sondern an seinen Einflußbereich. Fast jeder Fluß beeinflußt ein Gebiet, das über sein eigentliches Bett weit hinausreicht. Wenn der Fluß Hochwasser führt und vielleicht ein Vielfaches seiner normalen Breite erreicht, liegt das auf der Hand; aber auch zu anderen Zeiten übt der Fluß einen direkten Einfluß auf ein ausgedehntes Gebiet aus – dieses Gebiet umfaßt zumindest die gesamte Talsohle. Hier, in den Feuchtwiesen und auf den Äckern, deren Böden aus Ablagerungen des Flusses bestehen, stehen Vögel und andere Lebensformen – brütende Watvögel, Schafstelzen, Amphibien und Pflanzen des feuchten Grünlands – in einer direkten Wechselbeziehung zum Fluß und dem Grundwasserspiegel, den er auf beiden Seiten seines Bettes erzeugt. Im ersten Kapitel versuche ich, den Begriff »Fluß« auch in bezug auf die Quellregion zu erläutern.

An den Ufern unserer Flüsse findet ein fortwährender Kampf statt. Dabei geht es darum, wie unsere Flüsse letztendlich aussehen sollen, und das Ergebnis dieser Auseinandersetzung wird die Zahl der Tiere und Pflanzen, die in Zukunft dort anzutreffen sein werden, entscheidend bestimmen. Auf der einen Seite befinden sich diejenigen, die die Flüsse aus Gefühls- oder landschaftsästhetischen Gründen oder weil sie diese Gebiete als Ganzes für die Wissenschaft erhalten oder für die Stillerholung nutzen wollen, am liebsten möglichst ursprünglich und unberührt erhalten möchten. Auf der anderen Seite stehen die einflußreichen lokalen Wasserbehörden, die die

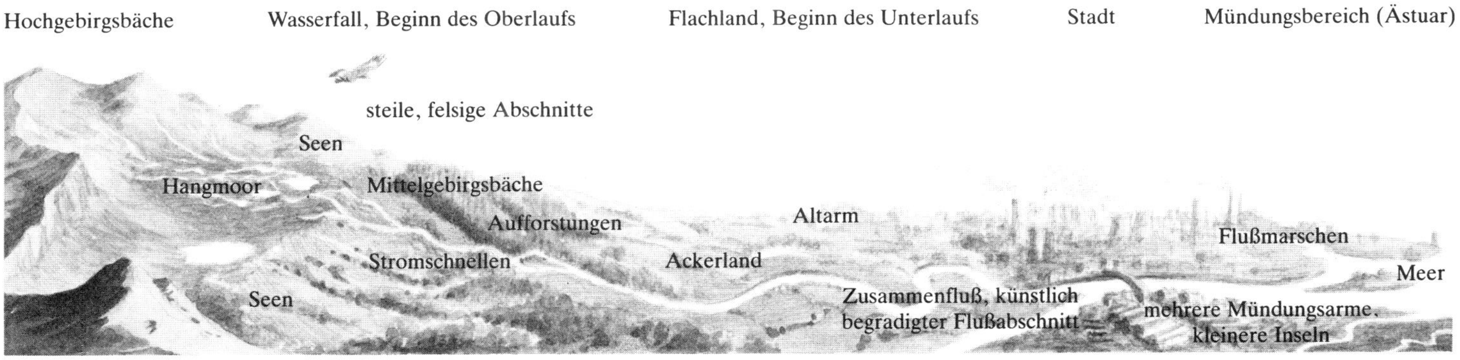

permanenten Forderungen nach mehr und besserem Ackerland unterstützen und die Belange des Hochwasserschutzes vertreten. Die Unterhaltungsmaßnahmen und Dränagearbeiten, die sie durchführen, zielen darauf ab, gut dränierte Äcker im Überschwemmungsbereich zur Verfügung zu stellen und das Wasser im eigentlichen Flußbett zügig und ungehindert abfließen zu lassen. Diese Maßnahmen wirken sich auf die meisten der an den Flußufern lebenden Tiere und Pflanzen fast immer nachteilig aus. Jedes einzelne dieser Projekte ist ein weiterer Eingriff in den natürlichen Reichtum; gleichzeitig verändert sich dabei durch Einebnen der Ufer, Flußbegradigungen, Entfernung der Ufervegetation oder Kahlschlag das Aussehen des Flusses. Mittlerweile werden beträchtliche Anstrengungen unternommen, um die Maßnahmen der Wasserbehörden auf ein erträgliches Maß zu reduzieren. Dabei bedient man sich zum einen der rechtlichen Möglichkeiten, zum anderen gilt es, Überzeugungsarbeit zu leisten. Die Behörden stehen dem nicht gleichgültig gegenüber, wenngleich die Auswirkungen ihrer Arbeit, aufs Ganze gesehen, überall in Großbritannien – aber auch in den meisten anderen Ländern – zutiefst deprimierend sind. Zumindest eine Behörde, die Severn-Trent Water Authority, hat sich inzwischen dazu verpflichtet, Renaturierungsmaßnahmen an Flußufern durchzuführen, und es bleibt zu hoffen, daß andere diesem Beispiel folgen.

Dieses Buch wurde für alle diejenigen geschrieben, die die Vogelwelt an unseren Flüssen erleben wollen. Wenn es ihm darüber hinaus in irgendeiner Form gelingt, ein tieferes Verständnis für das Anliegen zu wecken, um das es hier geht, und wenn es dadurch zum Schutz unserer Flüsse und ihres unschätzbaren natürlichen Reichtums beiträgt, kann ich mich doppelt glücklich schätzen.

Roger Lovegrove
Mai 1984

Die Quelle

Im Herzen von Wales erhebt sich wuchtig und schwer das Plynlimon-Massiv. Unterhalb der Berge liegen in westlicher Richtung die beiden Städtchen Aberystwyth und Machynlleth und die weite, anmutig geschwungene Bucht von Cardigan. Der Gebirgsstock umfaßt sozusagen die Taille von Wales; er besitzt keine imposanten Spitzen und Zacken, sondern bildet einen ausgedehnten, welligen Komplex von Hochebenen, dessen höchste Erhebungen fünf wenig auffallende Einzelgipfel sind *(Plynlimon* bedeutet im Kymrischen »fünf Gipfel«). Der höchste Kamm erreicht die nicht unbedingt eindrucksvolle Höhe von 740 Metern. Es ist eine einsame, unwirtliche Gegend, in der das Schottische Moorschneehuhn, der Wanderfalke, der Kolkrabe, der Rotmilan und einige wenige weitere Vogelarten zu Hause sind.

Seite 10/11: Unter den wenigen Vögeln, die im Quellbereich des Flusses leben können, dominieren die Aasfresser.

An einem grauen Dezembertag kurz vor der Jahreswende bläst der Wind, der unablässig vom Atlantik und der Irischen See her weht, eine Regenwand nach der anderen über die Hänge und Kuppen des Plynlimon. Der Wind fängt sich an den Westhängen des Gebirges, wirbelt durch die Schluchten und Felsen der Luvseite und treibt die schwerbeladenen Wolken, aus denen sich endlose Regenschleier ergießen, über das offene Hügelland. Auch am Tag davor hat es geregnet, und wahrscheinlich wird es am Tag danach nicht anders sein. Im Plynlimon-Gebirge regnet es an 250 Tagen des Jahres; jährlich ergießt sich auf die schwankenden Moore und wassergesättigten Bergweiden eine Niederschlagsmenge von über 2 700 mm. (Zum Vergleich: Bundesrepublik meist 600 – 800 mm; Alpen nahe der Waldgrenze, Gipfel des Schwarzwaldes und des Harzes 1 600 – 1 900 mm pro Jahr.) Da ist es kaum ein Wunder, daß im Plynlimon um die 2 000 Bergbäche und kleinere Rinnsale entspringen.

Dieses wasserreiche Gebirge ist auch der Geburtsort mehrerer großer Flüsse: Der Wye fließt in malerisch schönem Lauf nach Süden; der Rheidol rauscht durch ein kurzes, aber landschaftlich sehenswertes Tal hinunter in die Irische See; Twymyn und Dulas fließen nach Norden, und der Severn, der größte von allen, nimmt von hier seinen Weg in weitem Bogen mitten durch England bis zu seiner Mündung in die Gezeitenströme des Bristol-Kanals.

Kolkraben folgen in den höheren Lagen den Schafherden und suchen mit Erfolg die Lagerplätze der Tiere ab.

Rabenkrähen gelten als verschlagen und listig und sind nicht gerade beliebt. Sie verstehen es meisterhaft, von den Opfern, die das Bergland unter den Wildtieren fordert, ihren Nutzen zu ziehen.

Durch den rauschenden Regenvorhang ertönt zweimal das tiefe, rauhe »Prrok, Prrok« eines Kolkraben, der von dem verwesenden Kadaver eines Bergschafs unterhalb einer Torfbülte neben einem der winzigen Bächlein auffliegt. Zwei durchtriebene, nasse, boshafte Rabenkrähen kommen heran und nehmen den Platz des Kolkraben ein. Beide Arten sind kohlschwarz gefärbt. Ihr Auftreten und der Zweck ihres Hierseins passen so richtig zu der bedrückenden Atmosphäre des Tages, denn selbst hier muß das Leben zu einer Zeit wie dieser weitergehen. Wenn der Kolkrabe und die Rabenkrähe ausgerechnet hier satt werden können, dann müssen sie sich eben hier aufhalten. Für einen Vogelbeobachter sind die Bedingungen auf dem ungeschützten Berg mit Sicherheit alles andere als ideal. Dafür, daß man die triefende Nässe, die Kälte und die Gefahren auf sich nimmt, die an so einem ungestümen Wintertag drohen können, kann man höchstens einmal einen kurzen Blick auf einen Kolkraben oder eine Krähe werfen, wobei einem der Regen noch die Sicht nimmt. Rasch und ohne vorherige Warnung ist man unter diesen Umständen der Gefahr der Unterkühlung ausgesetzt. Wenn wir jedoch alles über den Fluß und seine Vögel wissen wollen, müssen wir an dieser Stelle anfangen. Außerdem kann man gerade an einem Tag wie diesem am leichtesten begreifen, wie ein Fluß entsteht und wie er in seinem obersten Abschnitt wirklich beschaffen ist.

Hier, am Ort seiner Entstehung, entspricht der Fluß nämlich nicht dem wohlgeordneten Bild einer Bachquelle, das einem üblicherweise in den Sinn kommt; er entspringt nicht jäh dem Erdboden und plätschert nicht munter zu Tal. In Wahrheit ist er unsichtbar, aber er breitet sich überall um uns herum und unter unseren Füßen aus. Wenn wir uns ruhig verhalten, können wir hören, wie sein Wasser unterhalb der Erdoberfläche durch winzigkleine Zwischenräume gluckert. Bei jeder Bewegung können wir fühlen, wie sich der Fluß im nassen Untergrund ebenfalls bewegt. Der Fluß – das ist hier der gesamte Berghang mit seinen Mooren, seinem Erdreich, seinen Wasseradern und Pflanzen. Er liegt da wie ein riesiger Schwamm, der sein kostbares Wasser, wenn er durch weitere Regenfälle »ausgedrückt« wird, in zahllosen kleinen Bächen hangabwärts laufen läßt. An einem Regentag wie diesem leuchtet das ohne weiteres ein: Das Wasser ist allgegenwärtig. Der Himmel ist voll davon, und der Torfboden, der bis an die Grenze seines Fassungsvermögens wassergesättigt ist, vermag keine weitere Feuchtigkeit aufzunehmen. Überall an den Hanglagen fließt in jeder kleinen Spalte und in jeder Rinne, auf den Trampelpfaden der Schafe und in jedweder Bodensenke Wasser; von den heidekrautbewachsenen Abbruchkanten und Torfmoosbülten tropft es, und der heulende Wind reißt und zerrt die Wassertröpfchen von den schwankenden Rispen des Pfeifengrases und den Binsenhalmen und trägt sie erneut mit sich fort.

Doch selbst bei diesem trübseligen Wetter gibt es hier oben eine Fülle von Farben. Die trockeneren Buckel und Rücken bedeckt dunkles, verblühtes Heidekraut, dessen rostrote Stämmchen dem Wind schutzlos preisgegeben sind. Auf vielen von ihnen erkennt man graugrünen Flechtenbewuchs. Daneben zeigt sich auf dem zerklüfteten Plateau der Wasserscheide das stärker durchnäßte Schwarz des nackten Torfbodens. Den Boden der kleinen Tälchen bedeckt ein nasser Flickenteppich aus bräunlichen vorjährigen Binsen, das blasse Gelb der windgepeitschten

Pfeifengraswiesen sowie das leuchtende Smaragdgrün trügerischer Torfmoore. Der pausenlos fallende Regen wäscht die Schafe, die sich einzeln über den ganzen Berg verteilt haben, nahezu blendendweiß.

Hier also, in den Mooren und Senken des Plynlimon, ist der Geburtsort des langen Flusses. Dieses Bergmassiv ist nur eines von vielen in den niederschlagsreichen Hügelländern im Norden und Westen Großbritanniens, wo viele der großen Flüsse entspringen. Die meisten dieser Gebiete eignen sich ausgezeichnet zum Beobachten von Vögeln. Die Arten, die dort zu Hause sind, sind entweder hochspezialisiert (wie der Goldregenpfeifer, das Schottische Moorschneehuhn und der Flußuferläufer), oder sie sind in der Lage, große Entfernungen zu überbrücken, um die notwendige Nahrung zu finden (so der Steinadler, der Rotmilan und der Kolkrabe).

Wo am Osthang des Plynlimon die eigentliche Quelle des Severn zu erkennen ist, schießt das Wasser nicht in beeindruckender Weise aus dem Boden, wie es dem längsten unter den Flüssen Großbritanniens wohl zukommen könnte; statt dessen tröpfelt es kaum wahrnehmbar als bescheidenes Rinnsal zwischen Binsen und Torfmoos hervor. Wie nicht anders zu erwarten, wird der Ort *Blaenhafren* (»Quelle des Severn«) genannt. Für ausdauernde Spaziergänger oder Vogelbeobachter gibt es einen gut ausgeschilderten Weg hierher, der von der Forstverwaltung angelegt wurde. Er führt mehrere Meilen weit durch Nadelholzkulturen und anschließend hinaus auf die unbewaldeten Hänge des offenen Hügellandes. Etwas weiter südlich, jenseits eines Bergrückens, zweigt der Grundwasserstrom vom Severn ab und sickert in die Quelle des Flusses Wye. Von hier aus fließt der Severn auf seinem 320 Kilometer langen Lauf hinunter bis auf Meereshöhe, die er bei Gloucester erreicht. Der Höhenunterschied beträgt 610 Meter. Auf seinem Weg durchquert der Fluß das mittlere Wales, windet sich durch die fruchtbaren Ebenen von Shropshire und passiert dabei direkt die Wiege der industriellen Revolution, die an seinen Ufern entstand und sich mit Hilfe seiner Wasserkraft entwickeln konnte. Bevor er die weit geschwungene Severn-Brücke unterquert und sich sein aus den Bergen stammendes Wasser in den Bristol-Kanal ergießt, fließt er in weitem Bogen durch die Städte Worcester und Gloucester mit ihren majestätischen Kathedralen. An der Mündung, in der Nähe der Severn-Brücke, vereinigt er sich wieder mit seinem Schwesterfluß Wye. Hier vermischen sich Wassermassen miteinander, die sich eine Woche früher und über 300 Kilometer entfernt in den nebelverhangenen Bergen des mittleren Wales voneinander getrennt hatten. Dort, im Plynlimon-Massiv, hatten sie bereits miteinander in Verbindung gestanden; die beiden Quellen lagen nur drei Kilometer auseinander.

An den Flüssen Großbritanniens brüten von der Quelle bis zur Mündung – am Ufer, auf Inseln, an Altarmen, in den Bäumen der Auen oder auf den vom Fluß beeinflußten Feuchtwiesen – regelmäßig etwa 80 bis 90 verschiedene Vogelarten. Weitere Arten halten sich als Nahrungsgäste auf dem Wasser, das reichlich Freßbares bietet, oder in der üppigen Ufervegetation auf. All diese Flüsse – der Avon, der Derwent, die Ouse (sprich: Uhs), der Tyne, die Themse, der Severn oder der Trent – sind mit ihrer reichhaltigen Fauna und Flora Verbindungswege zwischen den Feuchtgebieten des Landes, deren Zahl hier, wie anderswo auch, ständig zurückgeht. Sie bilden eine dauerhafte Lebensgrundlage für eine Fülle der verschiedensten Insekten, Pflanzen und Tiere,

Der Rotmilan bewohnt in Wales ausschließlich die Flußtäler und Hügel im Zentrum des Landes.

Neben dem Rotmilan haben sich in den walisischen Bergen einige weitere Greifvögel auf die Erbeutung von Kleinvögeln oder kleineren Säugern spezialisiert.

Mäuse-
bussard
Sumpfohreule
mausgefärbter
Wanderfalke
Wanderfalke
im Alterskleid
Sumpfohr-
eule
Korn weihen
links ♀, rechts ♂
Weibchen
des
Merlins
Merlin-
männ-
chen
Wander-
falken-
weibchen
Wanderfal-
kenterzel

und sie zählen zu den wertvollsten Vogelhabitaten. Unter Vogelbeobachtern gelten diese Gebiete zu Recht als beliebte und lohnende Exkursionsziele – das gilt nicht zuletzt für die weit abgelegenen Abschnitte im Hügelland, vorausgesetzt, man scheut sich nicht, dorthin vorzudringen.

Zwar regnet es hier oben oft und ausgiebig, doch an vielen Wintertagen ist das Wetter so hell und klar, daß es den passionierten Ornithologen hinaus in die Berge zieht. Obgleich die Anzahl der Vögel, die sich im Winter in diesen unwirtlichen Hochlagen aufhalten, meist nicht groß ist, handelt es sich doch um ausgesprochene ornithologische »Leckerbissen«. Darüber hinaus lassen sich manche Arten, die man sonst schwer zu Gesicht bekommt, gerade hier am besten beobachten, beispielsweise der Kolkrabe, das Schottische Moorschneehuhn und der Rotmilan.

Wie immer hängt es, vor allem im Winter, vom Nahrungsangebot ab, wo man die Vögel voraussichtlich antreffen wird. Das rauhe offene Hügelland hat in dieser Jahreszeit verhältnismäßig wenig zu bieten. Insekten und andere wirbellose Tiere gibt es so gut wie überhaupt nicht; die wichtigsten Nahrungsquellen in diesen hochgelegenen Abschnitten des Flußsystems sind Aas und pflanzliches Material in Form von Sprossen und Samen der Wasserpflanzen – solange die Wasserflächen im Hochland nicht zugefroren sind. Einige Vogelarten wie etwa der Wanderfalke, die Kornweihe und der Merlin halten sich in diesen unproduktiven Monaten gelegentlich zur Jagd im Hügelland auf, meist sind sie jedoch in den tieferen Lagen zu finden. Nur ganz wenige Vögel finden in diesem Lebensraum zu allen Jahreszeiten ihr Auskommen.

Lediglich eine Art, nämlich das Schottische Moorschneehuhn, ist ein ganzjähriger Bewohner des offenen Hügellandes. Als Pflanzenfresser, der sich ausschließlich von den jungen Trieben des Heidekrauts und von den Knospen der Heidelbeere und des Wollgrases ernährt, ist es wohl oder übel an die Wuchsorte dieser Pflanzen gebunden. Während der kurzen Wintertage, selbst in den kältesten Schnee- und Frostperioden, findet man die Vögel auf Böschungen im Schutz des Heidekrauts und auf den trockeneren Buckeln oberhalb der Moore und Bäche. Sie allein können während der langen Wintermonate von den ziemlich nährstoffarmen Trieben der Heidekrautarten leben, die sich im Sommerhalbjahr entwickelt haben.

Das Schottische Moorschneehuhn ist die einzige Vogelart, die ganzjährig in der Heidekrautvegetation der Moore lebt.

In vielen nordenglischen und schottischen Mooren gibt es außergewöhnlich große Bestände des Schottischen Moorschneehuhns. Die Tiere werden dort von Wildhütern durch besondere Schutz- und Hegemaßnahmen bewußt vermehrt, um für die im August und September eintreffenden Jagdgesellschaften einen Bestandsüberschuß heranzuziehen. In Wales gehört diese herrliche Zeit schon fast der Vergangenheit an, da die Moor- und Heidegebiete, die als arttypische Lebensräume in Frage kommen, durch Aufforstungsprogramme, Umwandlung in Grünland oder einfach durch Nachlässigkeit zurückgehen, weil geeignete Pflegemaßnahmen für die Heidevegetation unterbleiben.

Im Leben dieser jagdbaren Vögel gibt es einen Zeitabschnitt, in dem sie sich nicht rein vegetarisch ernähren. Wenn im Mai und Anfang Juni die Jungvögel schlüpfen, führen die Altvögel sie von den Heideflächen hinunter zu den feuchteren Stellen in den Mooren und an den Ufern der Bergbäche, wo sie mit Insekten gefüttert werden, die im Hochsommer überreichlich zur Verfügung stehen. Diese Kost ist reich an Proteinen und ermöglicht eine sehr viel raschere Entwicklung als die Pflanzennahrung, zu der die Vögel nach Ablauf der ersten Wochen übergehen und die sie dann für den Rest ihres Lebens beibehalten. Die absolut beherrschende Gruppe im walisischen Hochland sind jedoch die aasfressenden Vögel: Rotmilan, Mäusebussard, Kolkrabe und Rabenkrähe profitieren allesamt von den Schafen, die im Winter in den Bergen ums Leben kommen; dies gilt vor allem für den Kolkraben.

Folgt man im Dartmoor-Gebiet, in Wales, im nordwestenglischen Seengebiet oder in Schottland einem Bergbach oder -fluß, wird man zu allen Jahreszeiten schon nach wenigen Schritten Kolkrabenrufe hören. In diesen Teilen des Landes besitzen die Vögel ihre Dichtezentren; sie kommen hier häufiger vor als überall sonst. Sie verbringen den ganzen Winter problemlos in den höchsten Lagen und leben von den leicht erreichbaren Kadavern der Schafe und von anderem Aas. Von der Kälte oder den scheußlichen Witterungsbedingungen lassen sie sich dabei anscheinend nicht beirren. Zusammen mit dem Rotmilan und der Rabenkrähe sind sie unter den Vögeln Großbritanniens die klassischen Aasvertilger. Der Kolkrabe ist der scheueste, aber auch der

kräftigste von den dreien. Er ist der größte Vertreter der Krähenfamilie – eineinhalbmal so groß wie die auch in Deutschland häufige Rabenkrähe. Mit seinem riesigen, meißelförmigen Schnabel vermag er einen Kadaver ohne Schwierigkeiten aufzubrechen. Erst wenn der Kolkrabe gesättigt ist und seinen Platz freigemacht hat, holen sich die kleineren Krähen ihren Anteil. Verendete Schafe bilden das ganze Jahr über einen äußerst wichtigen Bestandteil ihrer Nahrung; sie sind weitgehend abhängig davon, daß im Hügelland auch in Zukunft Schafe gezüchtet werden.

Der Kolkrabe nistet auf den Klippen oberhalb der Bergbäche. Er beginnt bereits mitten im Winter mit der Flugbalz.

Die Kolkraben weisen aus zwei ganz verschiedenen Gründen eine fein abgestimmte Bindung an die Bergbäche auf. Zum einen sind sie über den Hügeln ständig auf der Suche nach verletzten Schafen. Diese kommen, pitschnaß und vom Gewicht des Wassers in ihrem Fell belastet, häufig in Spalten und Rinnen um, aus denen sie sich nicht befreien können, weil sie zu geschwächt sind. Ein Vogelbeobachter, dem dieser Zusammenhang klar ist, wird oft den Wasserläufen folgen, indem er sie entweder mit dem Glas absucht oder indem er seinen Weg nach ihnen ausrichtet. Häufig wird man gerade dort auch die wenigen anderen Vögel beobachten können, die sich zu dieser Jahreszeit im Hügelland aufhalten.

Zum zweiten baut der Kolkrabe seinen Horst oft dort, wo ein Bergbach seinen Lauf tief in das weiche Felsgestein eingeschnitten hat, auf dem dadurch entstandenen Absatz. In den höheren Lagen findet man viele derartige Nistplätze. Sie liegen häufig neben einem Wasserfall und sind stets geschickt im Schutz eines natürlichen Überhangs angelegt. Gelegentlich wird der große, aus Knüppeln errichtete und mit Wolle ausgelegte Horst in die dünnen Zweige einer krumm gewachsenen Eberesche hineingebaut, die – außerhalb der Reichweite der Schafe – direkt in der Felswand wurzelt. Jahr für Jahr bauen die Vögel das Nest mit weiteren Stöcken aus und erneuern die Innenauskleidung. Solche Neststandorte sind aus der Entfernung leicht zu erkennen, weil die Felswand unterhalb des Horstes gewöhnlich mit einem schleimig-grünen Streifenmuster aus Algenbewuchs überzogen ist. Viele dieser an Bächen gelegenen Horste sind uralt und werden alljährlich benutzt. Von bestimmten Kolkrabennestern weiß man, daß sie schon seit 50, 60 oder mehr Jahren besetzt sind, und es kommt in der Tat vor, daß die Besitzer selbst so lange am Leben bleiben.

Der Kolkrabe ist als Bewohner dieser Flußtäler und Hügelkuppen in jeder Hinsicht ein Wintervogel. Vom Winteranfang an beginnen die Brutpartner, die lebenslang miteinander verpaart sind, hoch über dem Fluß zu rufen und ihre Balzspiele vorzuführen. Sie fliegen zusammen in der kristallklaren Luft und rufen dabei mit tiefer, kehlig-klangvoller Stimme »prrok, prrok«. Während sie die Bergkette überfliegen, dreht sich das männliche Tier in der Luft, wirft sich auf den Rücken, fliegt mehrere Meter mit dem Bauch nach oben geradlinig weiter und wirft sich dann wieder herum.

Obwohl sie ihrem Schlupfwinkel in den Bergen treu bleiben, unternehmen sie gern weitere Ausflüge in die Umgebung und schließen sich an besonders ergiebigen Nahrungsquellen anderen Artgenossen an. Wo Kolkraben häufig vorkommen, sieht man nicht selten hundert oder mehr bei der Mahlzeit an toten Schafen, die bei Hochwasser den Fluß hinuntergespült wurden, oder an den Abfallhaufen, die im Freien neben den Schlachthöfen liegen. Bei der kleinen Stadt Llanidloes, wo der Severn die östlichen Vorberge des Plynlimon-Massivs verläßt, versammeln sich täglich 90 oder mehr Exemplare in Gesellschaft von bis zu 400 Rabenkrähen an der städtischen Müllkippe.

Tagsüber jagt der Rotmilan in den Hochlagen; zur Nachtruhe suchen die Tiere bestimmte Schlafplätze in den Wäldern der Täler auf, die oft gemeinschaftlich benutzt werden.

Die winzigkleine Population der prachtvollen, eleganten Rotmilane, die es in Großbritannien noch gibt, bewohnt ausschließlich die Hügel und Täler des mittleres Wales. Im Winter legen die Milane, die oft gemeinschaftlich in besonders bevorzugten Wäldern schlafen, tagsüber auf der Suche nach Aas große Entfernungen zurück. Die Rotmilane sind wie die Kolkraben Abfallfresser; sie sind in Wales weitgehend auf die Kadaver der Schafe angewiesen. Auf der Nahrungssuche entfernen sie sich bis zu 15 Kilometer weit von ihrem Schlafplatz. Sie fliegen mit einer beinahe lässigen Mühelosigkeit, kreisen über den Einzugsgebieten der Flüsse und den steil abfallenden Talhängen, wobei ihre langen, breiten Schwingen leicht aufwärts gebogen sind, und entfernen sich dann im Gleitflug, fast ohne jeden Flügelschlag, über die nächste Hügelkette aus dem Gesichtskreis. Mit ihren behenden Schwingen und dem biegsamen Schwanz manövrieren sie im Flug, wenn es nötig ist, herrlich geschickt. Sie sind sehr viel wendiger als etwa der häufige, aber schwerfällige Mäusebussard.

Hat der Rotmilan ein verendetes Tier gefunden, ist er darauf angewiesen, daß der stärkere Kolkrabe es aufbricht, denn dem Rotmilan fehlt trotz seiner Größe die Kraft dazu. Unter normalen Umständen bekommt man ihn nur recht selten am Aas zu Gesicht, da er sich seine Nahrung größtenteils durch »Luftpiraterie« zusammenstibitzt, das heißt, er jagt Krähen und Elstern ihre Beute ab, wenn diese das Festgelage verlassen.

Rotmilane erfreuen sich unter den britischen Ornithologen einer großen Wertschätzung. Alljährlich kommen viele von ihnen in der Hoffnung nach Wales, einen flüchtigen Blick auf die seltenen Vögel werfen zu können. Die meisten kommen im Frühjahr und im Sommer. Dies ist jedoch nicht die geeignetste Zeit, auch wenn man von der Gefahr, daß die Vögel durch Unachtsamkeit während der Brutsaison gestört werden können, ganz absieht. Wenn man Rotmilane in Wales beobachten will, muß man im Winter hierherkommen. In dieser Zeit sammeln sie sich nicht nur zur Nahrungsaufnahme an besonders bevorzugten Stellen, die regelmäßig aufgesucht werden, sondern sie nächtigen auch oft gemeinschaftlich in bestimmten Flußtälern. An einem kalten, klaren Tag im Januar sah ich einmal mit drei anderen Beobachtern 15 Rotmilane, die in den Vorbergen jagten oder über dem großen Moor bei Tregaron kreisten, wo der Fluß Teifi in seinem weiten Tal an Breite zunimmt. Anschließend fuhren wir in eins der steilwandigen, bewaldeten Täler jenseits von Aberystwyth am Rand des Plynlimon-Massivs. Wir wollten dort versuchen, die Vögel beim Anflug auf ihren Schlafplatz zu beobachten. Innerhalb der nächsten Stunde flogen mindestens 20 Rotmilane, teils einzeln, teils zu zweien oder in kleinen Gruppen, von den umliegenden Höhen ins Tal hinunter. An einer Stelle sahen wir neun der anmutigen Vögel zusammen in der Luft; sechs von ihnen befanden sich gleichzeitig im Gesichtskreis des Spektivs.

In den nassen Senken im Zentrum des Quellbereichs des Severn gibt es eine Vielzahl von verstreut liegenden kleinen Tümpeln und Seen. Das Wasser dort ist natürlich kalt und außerdem von Natur aus sauer, ganz im Gegensatz zum Wasser der südenglischen Flüsse, das kalkhaltig ist. Aus Folge davon sind Pflanzen und andere potentielle Nahrungsquellen für Vögel recht dürftig entwickelt. Die Seen sind daher normalerweise für Wasservögel nicht attraktiv. Wenn es im Winter nicht so kalt ist, daß die Seen zufrieren, halten sich hier allerdings oft Schellenten auf. Das sind rundliche, einzelgängerische, nimmermüde Vögel mit leuchtendgelben Augen. Die Erpel, die aus der Entfernung schwarzweiß aussehen (deren Kopfgefieder aus der Nähe aber einen grünlichen Glanz erkennen läßt und im Ruhekleid bräunlich gefärbt ist), besitzen am Schnabelgrund einen charakteristischen weißen Fleck. Sie kommen im Winter aus dem hohen Norden hierher; ihre Brutgebiete liegen hauptsächlich an den Seen im ausgedehnten Nadelwaldgürtel Skandinaviens und Rußlands. Im eiskalten Wasser der Bergseen tauchen sie offenbar ohne Pause und ohne sich durch die Kälte beeindrucken zu lassen. Ihre kärgliche Nahrung besteht aus Weich- und Krebstieren, die sie am steinigen Seegrund erbeuten, indem sie mit dem Schnabel Steine umwenden, um die darunter verborgenen Larven und wirbellosen Tiere freizulegen. Oft sieht man hier auch einige wenige Reiherenten, und ab und zu Tafelenten, die dicht zusammengedrängt auf den windgepeitschten Wellen reiten oder von der Wasseroberfläche aus hinabtauchen, um den Seeboden in zwei bis drei Metern Tiefe nach verschiedenen freßbaren Brocken, teils pflanzlicher, teils tierischer Herkunft abzusuchen. Hin und wieder findet sich ein Trupp Singschwäne zur Rast ein, oder eine Gruppe von Gänsesägern belebt den See.

An einem der Seen nahe der Severn-Quelle, dessen Untergrund einen höheren Torfgehalt aufweist, finden sich im Spätwinter Wildgänse ein, um dort längere Zeit zu rasten. Es sind Bläßgänse aus Grönland. Das Besondere daran ist, daß es sich bei diesem kleinen Trupp von 60 bis 70 Tieren sowie einem weiteren, halb so großen Verband, der sich im Gebiet der 30 Kilometer nördlich gelegenen Wasserscheiden aufhält, um die einzigen Grönländischen Bläßgänse handelt, die in ganz England und Wales anzutreffen sind. Der Gesamtbestand dieser nordischen Gans umfaßt weltweit nicht mehr als 12 000 Tiere. Im Spätsommer zieht die gesamte Population in den Westteil der britischen Inseln und überwintert hauptsächlich in der Grafschaft Wexford (Irland) und auf der zur Gruppe der Inneren Hebriden gehörenden Insel Islay, wo sich im Winter auch viele andere Gänse aufhalten. Der größere der beiden vergleichsweise bescheidenen »walisischen« Trupps verbringt den Großteil des Winters in den Marschen am Fluß Dovey und zieht sich im März und April auf die Seen und Moore im Hügelland zurück. Der kleinere Trupp überwintert dagegen allem Anschein nach zumeist hoch oben auf den flachen Torfmooren. (Im ozeanischen Klimabereich gibt es eine besondere Art von Torfmooren, die nicht wie in Mitteleuropa uhrglasförmig gewölbt sind [»Hochmoor«], sondern flach. Sie werden im Englischen als *blanket bogs* bezeichnet.) Die Vögel ziehen während dieser Zeit von einem See zum anderen.

Die Gänse, deren Nistplätze auf den Tundra-Hochebenen Westgrönlands liegen, halten sich kaum drei Monate lang in ihren arktischen Brutgebieten auf. Die sommerliche Tauwetterperiode dauert nur hundert Tage, und in dieser knapp bemessenen Zeit erledigen sie das Brutgeschäft, bevor sie dann wieder nach Süden aufbrechen müssen. Das erklärt, warum die Grönländischen Bläßgänse zu den ersten Wintergästen gehören, die sich in Großbritannien einfinden. Dort verbringen sie etwa acht Monate, bis sie sich erneut auf den langen Rückzug nach Westgrönland begeben.

Die Grönländische Bläßgans ist die einzige Gans, die sich im Winter im walisischen Hügelland aufhält.

Es ist schwierig, die Gänse in den Mooren des Plynlimon zu finden. Sie sind zwar groß, doch ihr Gefieder ist dunkel, und sie fügen sich farblich hervorragend in die aus hellgraubraunen, ockerfarbenen, schwarzen und bräunlichen Nuancen zusammengesetzte Umgebung der Torfmoore ein. Dazu kommt, daß Wildgänse zu den wachsamsten Vögeln überhaupt zählen. Sie ziehen sich in Gebiete zurück, in denen sie rundum freie Sicht haben, so daß es nur äußerst geschickte und

vorsichtige Beobachter fertigbringen, in ihre Nähe zu gelangen. Die Gänse leben dort von den nährstoffreichen Wurzeln des Wollgrases, den Brutzwiebelchen der Weißen Schnabelbinse, von der Rasenbinse und anderen Sauergräsern. All diese Vogelarten sind der Lohn derer, die sich nicht abschrecken lassen, im Winter im Quellgebiet des Flusses zu beobachten. Es sind Vögel, die nicht eben zahlreich auftreten, die aber gerade wegen ihrer Seltenheit etwas Besonderes darstellen. Das Wetter, die Lichtverhältnisse und die besondere Stimmung in den Bergen, vor deren Hintergrund man diese Tiere oft zu Gesicht bekommt, vermitteln dem Beobachter einen nachhaltigen Eindruck, der die Freude über die eigentliche Entdeckung noch weit übertrifft.

Ganz anders sieht es hier im Frühling und Sommer aus. Dann ist das moorige Quellgebiet des Flusses vom geschäftigen Treiben der Gefiederten erfüllt. All die Vögel, die das Hügelland im vergangenen Sommer verlassen hatten, sobald die letzte Brut flügge geworden war, sind inzwischen wieder eingetroffen. Die Insekten haben sich stark vermehrt und stehen nun als ergiebige Nahrungsquelle zur Verfügung. Überall auf den grasigen Hängen und in den Heidemooren ertönt pausenlos der im fallschirmartig niedergleitenden Balzflug vorgetragene Gesang der Wiesenpieper. Daneben singen die Feldlerchen hoch über den Hügeln, und das Schottische Moorschneehuhn sitzt jetzt, tief ins Heidekraut geduckt, fest auf seinem kostbaren Gelege. Es ist kaum zu glauben, aber der See, der in der unwirtlichsten Zeit des Jahres Tauchenten und überwinternde Schwäne beherbergte, liegt jetzt verlassen. Lediglich ein Flußuferläuferpaar geht, äußerst angespannt, erregt und immer in Alarmbereitschaft, am steinigen Ufer vorsichtig trippelnd der Nahrungssuche nach. Sie erbeuten mit Hilfe ihres Gesichtssinnes ausgewachsene Insekten und deren Larven, die versteckt zwischen den Kieselsteinen des Spülsaums leben. Sie sind wahre Meister in der Kunst, sich vorsichtig mit tief herabgebeugtem Kopf an sitzende Stein- oder Uferfliegen anzupirschen, um sie dann blitzschnell aufzupicken.

Ihr Nest ist versteckt angelegt und zwischen den Horsten der Schwingelgräser oberhalb des steinigen Ufersaums schwer zu finden. Flußuferläufer sind während der Nahrungssuche immerzu in Bewegung; ähnlich der Wasseramsel wippen sie pausenlos mit Kopf und Schwanz. Kommt man

Im April trifft der lebhafte Flußuferläufer wieder an den Seen und Flüssen des Hochlands ein.

An feuchten, binsenbewachsenen Stellen brütet die Rohrammer.

ihnen zu nahe, fliegen sie mit schnellen, zuckenden Flügelschlägen und dazwischengeschalteten kurzen Gleitphasen niedrig über dem Wasser zum nächstgelegenen Stein oder Landvorsprung. Dort beobachtet der männliche Vogel aufmerksam die Umgebung und ruft fortwährend, immer noch wippend, sein »hididih, hididih, hididih« – das ist im Sommer der beherrschende Vogelruf in diesen rauhen Hochlagen.

Wo die smaragdgrünen Torfmoose im Moor trügerische Kolke erkennen lassen, halten sich Rohrammern auf. Diese Vögelchen sind an den unteren Abschnitten der Flüsse häufiger, doch hier nisten sie unregelmäßig hie und da im feuchteren Bereich des Flußsystems. Ihr Nest, das aus miteinander verflochtenen Gräsern und Halmen besteht, liegt gut versteckt in großen Seggen- und Binsenhorsten. Das Männchen macht durch seinen kurzen, abgehackten Gesang auf sich aufmerksam. Während es sein Lied vorträgt, sitzt es auffällig und offen auf den schwankenden Spitzen der Binsenhalme, der Gesang ist jedoch nicht sehr kräftig und wirkt hier oben merkwürdig deplaziert.

Wo der moorige Untergrund am feuchtesten ist, befindet sich ein kleiner, tiefer, trügerisch aussehender Kolk, in dem das Wasser des verborgenen Flusses für kurze Zeit an die Oberfläche gelangt. Der Kolk mißt im Durchmesser nur knapp fünf Meter; an seinen schwankenden Rändern gedeiht ein dichter Bewuchs aus Wollgras und Binsen, deren Köpfe vom Wind sanft bewegt werden. Die Wasseroberfläche ist tiefschwarz und spiegelglatt; die einzige Bewegung, die sich darauf abzeichnet, ist das leicht verwackelte Spiegelbild der flaumig-weißen Wollgras-Fruchtstände, die sich bereits beim leisesten Windhauch neigen. Obgleich ringsum absolute Stille herrscht, hält sich dort drüben völlig unbemerkt ein Vogel auf. Er sichert und drückt sich tief zwischen die Schwimmblätter des Laichkrauts und die überhängenden Binsenhalme. Es ist ein kleiner Krickenten-Erpel, der sich mit eng angelegtem Gefieder ganz vorsichtig noch näher ans Ufer treiben läßt, wobei er mich wachsam beobachtet. Schon die leiseste Bewegung des Vogels reicht aus, um seine Anwesenheit zu verraten, denn sie erzeugt winzigkleine Wellen, die sich sanft auf der

Wasseroberfläche ausbreiten. Diesmal ist es mit der Tarnung allein nicht getan; ich habe die kritische Distanz offensichtlich unterschritten. Erschreckt fliegt der Erpel fast senkrecht auf und sucht sein Heil, wild mit den Flügeln schlagend, in der Flucht. Rasch läßt der Vogel das Moor weit unter sich und beschreibt in der Luft einen weiten Bogen. Zwei Minuten später ist er bereits wieder unten. Er hat sich auf einem anderen Moorkolk, dreihundert Meter entfernt, zwischen den im Wasser flutenden Torfmoospolstern in Sicherheit gebracht. Seine Anwesenheit ist ein Beweis dafür, daß das bräunlich gefleckte und daher weit besser getarnte Weibchen ganz in der Nähe zwischen trockenen Grasbülten, die den nassen moorigen Untergrund etwas überragen, fest auf seinem aus acht bis zehn Eiern bestehenden Gelege sitzt. Die Bebrütung übernimmt allein die Ente, wobei sie das Nest tagtäglich verläßt, um auf den offenen Tümpeln oder im Flachwasserbereich der nahegelegenen größeren Seen Nahrung aufzunehmen. Wenn sie sich vom Nest entfernt, bedeckt sie die Eier sorgfältig mit den Dunenfedern der Innenauskleidung, um sie vor den Augen der räuberischen Rabenkrähen, Kolkraben und Lachmöwen zu verbergen.

Neben dem Wiesenpieper und der Feldlerche ist die Rohrammer die einzige Art aus der umfangreichen Ordnung Passeriformes (zu der alle Singvögel gehören), der es gelungen ist, sich an die rauhen Umweltbedingungen des offenen Hügellandes mit seinen eng begrenzten Lebensmöglichkeiten anzupassen. Zwar kommt in den Randtälern und Schluchten gelegentlich die Ringdrossel vor, und oft hält sich direkt an den Bergbächen die Gebirgsstelze auf, aber von diesen beiden abgesehen können nur die drei erwähnten Arten diesen Lebensraum nutzen. Einzig und allein der Zaunkönig, der in Großbritannien allgegenwärtig und wahrscheinlich der häufigste Vogel überhaupt ist, kann den Anspruch erheben, hin und wieder daran teilzuhaben, auch wenn man ihn hier kaum vermuten würde. Von der Meeresküste bis in die Hochlagen findet der Zaunkönig sein Auskommen; er bewohnt so viele verschiedene Lebensräume wie kaum eine zweite Vogelart. Als Insektenfresser gelingt es ihm, sich an den überhängenden Abbruchkanten der Torfauflage und auf den Geröllhalden der Hanglagen durchzuschlagen.

Neben der Stockente, die gelegentlich in wenigen Paaren auf den trockeneren, mit Heidekraut bewachsenen Stellen nistet, brütet auf den abgelegenen, einsamen Mooren als einzige Ente die Krickente. In diesen Gebieten mit ihrem sauren, nährstoffarmen Untergrund ist die Nahrung stets knapp; das Nahrungsspektrum der Krickente ist daher notgedrungen vielseitig. Im Winter, wenn sich die Krickententrupps im Tiefland aufhalten, fressen die Tiere fast ausschließlich Sämereien, im Moor, ihrem Brutbiotop, ist ihr Speiseplan dagegen sehr reichhaltig. Pflanzenteile, Wasserinsekten, Fliegen- und Mückenlarven und, falls vorhanden, kleine Krebse und Weichtiere gehören dazu. Außerdem verzehren sie die Samen vieler Wasserpflanzen. Gefressen wird zum großen Teil während der Nacht, weil die Enten dann das Nest eher unbeaufsichtigt lassen können. Die winzigkleinen Jungvögel suchen sich, kaum daß sie aus dem Ei geschlüpft sind, selbständig ihre Nahrung, die anfangs hauptsächlich aus Insekten und deren Larven besteht. Während dieser Zeit werden sie nachts vom Weibchen gehudert. Der Erpel beteiligt sich nach dem eigentlichen Paarungsvorgang nicht mehr an der Bebrütung des Geleges und der Jungenaufzucht. Als Beobachter bekommt man deshalb meistens das einzeln lebende männliche Tier zu Gesicht – oder sogar eine aus drei oder vier Krickentenerpeln bestehende Gruppe, die hier oben in der Sommerfrische ihre Zeit mit Nichtstun verbringt.

Die Lachmöwe ist ein weiterer Brutvogel des für den menschlichen Beobachter unzugänglichen Quellbereichs. Die deutschsprachige Artbezeichnung besagt nicht etwa, daß es sich hier um einen besonders lustigen Vogel handelt, sie bezieht sich vielmehr darauf, daß diese kleinere, lebhafte Möwe auch an vergleichsweise kleinen Wasserflächen des Binnenlands, eben an Lachen, vorkommt. Im Frühjahr legen die Lachmöwen ihr Brutkleid an, das durch eine schokoladenbraune, nur durch einen schmalen, hellen Augenring unterbrochene Kopfmaske gekennzeichnet ist. Nach Abschluß der Brutzeit werden die braunen Federn vermausert. Im Ruhekleid bleibt von der braunen Kopfzeichnung lediglich je ein dunkler Fleck hinter den Augen erhalten, der an das Schokoladenbraun erinnert und dem Beobachter im Winter als Bestimmungshilfe dient. Er ist allerdings kein sicheres Artkennzeichen, denn er ist im Ruhekleid auch bei einigen selteneren Verwandten der Lachmöwe vorhanden.

Im walisischen Hügelland brüten die Lachmöwen auf den hochgelegenen, abgeschiedenen Mooren und auf den Inseln der Seen. Zur Nahrungssuche kommen sie auf die Felder und die offenen Wasserflächen der Ebene. Mitunter profitieren sie auch an den städtischen Müllkippen überall im Land vom unerschöpflichen Vorrat an Abfällen.

Die Lachmöwen kehren im April in ihre Brutkolonien zurück.

Vom Januar ab beginnt sich bei einigen Altvögeln als Hinweis auf die Brutzeit bereits die schokoladenbraune Kopfzeichnung anzudeuten. Im April sind die Vögel alle wieder an ihren Brutplätzen im Hügelland eingetroffen. Sie tragen jetzt ihr prachtvolles Brutkleid. Hier oben werden sie entweder auf den torfigen Inseln der Seen, wo das umgebende Wasser sie schützt, oder aber am Rand der Seen und auf den schwankenden, unwegsamen Mooren im Schutz der Wasserpflanzenvegetation zur Brut schreiten. Außer in den Fällen, in denen sie sich zur Winterszeit zum Schlafen auf einen besonders bevorzugten Bergsee oder eine Talsperre zurückziehen – was sie oft zu Tausenden tun – dienen den Lachmöwen diese Biotope ausschließlich als sichere Nistplätze; zur Nahrungssuche sind sie auf die fruchtbaren Ebenen angewiesen.

Die Lachmöwe gehört zu den Vogelarten, die sich unter den heutigen Bedingungen erfolgreich durchsetzen können. Im Lauf des vergangenen Jahrhunderts waren sie, weil ihre Eier zu Speisezwecken gesammelt wurden, derart selten geworden, daß sie ernsthaft vom Aussterben bedroht waren. Dies änderte sich so grundlegend, daß der Gesamtbestand allein in England und Wales bis 1973 mehr als 100 000 Brutpaare umfaßte. In anderen west- und mitteleuropäischen Ländern sah es ähnlich aus: In den Niederlanden stiegen die Bestandszahlen von etwa 60 000 im Jahre 1950 auf über 220 000 Paare im Jahre 1978, und in der Bundesrepublik (vor allem in Bayern, Baden-Württemberg und Schleswig-Holstein) wuchs die Gesamtpopulation im gleichen Zeitraum vermutlich um mehr als 70 000 Paare.

Mit der Rückkehr der Möwen im April stellt sich im Hügelland eine temperamentvolle Stimmung ein: Nach der tristen Winterzeit regt sich wieder Leben. Genau wie viele andere Sommervögel, die jetzt zurückkehren, können sie während der ersten Wochen die Hochlagen jederzeit wieder verlassen, falls die grimmige Winterkälte noch einmal eine Zeitlang die Oberhand bekommen sollte; sind sie aber erst einmal wieder im Brutgebiet eingetroffen, bleiben sie nie für lange weg. Wenn die Lachmöwen wieder da sind, herrscht eine besonders lebensfrohe, geschäftige Atmosphäre. Das liegt daran, daß sie oft in dichtbesiedelten Kolonien zusammenleben, daß ihr leuchtend weißes Federkleid in der düsteren Umgebung besonders auffällt, daß das Gekreisch innerhalb der Kolonie nie aufhört und daß zwischen den Nistplätzen und den Nahrungsgründen unten im Tal ein ununterbrochener Pendelverkehr besteht. Anfangs nähern sie sich der Kolonie nur mit Vorsicht. Sie kommen nicht mir nichts, dir nichts herbeigeflogen, um ihr Territorium wieder in Besitz zu nehmen, sondern die Möwenschwärme kreisen in großer Höhe und wagen nur zögernd zu landen. In den ersten Tagen sind die Vögel sehr schreckhaft und fliegen bereits bei der geringsten Störung auf.

Ist die Brutkolonie aber endgültig bezogen, herrscht dort eine hektische Betriebsamkeit: Die Vögel werben um Brutpartner, verpaaren sich, verteidigen ihre Reviere und streiten sich mit benachbarten Paaren. Jetzt wird auch vollends deutlich, welche Funktion die schokoladenbraune Kopfzeichnung erfüllt, die beide Geschlechter haben. Die männlichen Vögel grenzen ihre Reviere gegeneinander ab, wobei die älteren, erfahreneren Tiere die besonders beliebten Positionen im Zentrum der Kolonie einnehmen. Dort versuchen sie, die Weibchen auf sich aufmerksam zu machen, indem sie besondere, ritualisierte Körperhaltungen einnehmen und dabei lang anhaltende, rauhe Rufe ausstoßen. Lachmöwen leben in lebenslanger Paarbindung; die Partnerbeziehungen, die schon länger bestehen, werden jetzt in aller Kürze erneut bekräftigt. Ist der anfangs vorhandene Argwohn und die ängstliche Distanz erst einmal abgebaut, beginnen die neu oder wieder verpaarten Vögel mit der Balz. Dabei bedrohen sie sich nicht mehr gegenseitig mit durchgedrücktem Hals und schräg aufwärts weisendem Schnabel, wie sie es noch kurz zuvor taten, sondern sie stehen jetzt in ähnlicher Haltung Seite an Seite. Die Drohgebärde, die nun von beiden Partnern gemeinsam ausgeführt wird, richtet sich jetzt gegen einen Dritten, zum Beispiel einen imaginären oder auch wirklich vorhandenen Reviernachbarn. Bei all diesen Gebärden tritt die braune Kopfmaske besonders auffällig in Erscheinung. Sie dient stets dazu, die Bewegungen und Körperhaltungen zu unterstreichen.

Als Folge der Entwässerungsmaßnahmen im Interesse der Landwirtschaft ist die Bekassine selbst im Hügelland heute viel seltener als früher.

Viele dieser Kolonien im Hügelland sind klein; oft bewohnen nur einige wenige Lachmöwenpaare einen winzigen Zipfel Moorland. Andere wiederum sind umfangreich; sie bestehen aus mehreren hundert Paaren. In diesen Brutkolonien ist der Lärmpegel, solange sie besetzt sind, konstant hoch. Zum einen wird buchstäblich jeder eintreffende Vogel von seinem jeweiligen Brutpartner mit heiseren, pausenlos vorgetragenen Rufen begrüßt. Darüber hinaus entstehen fortwährend Streitigkeiten um die Reviergrenzen. Lachmöwen sind rauflustige, aggressive Vögel, bei denen tätliche Auseinandersetzungen an der Tagesordnung sind. Die einzelnen Tiere, auch die Küken, werden heftig angegriffen, falls sie eine der unsichtbaren Grenzen überschreiten. Zu ernsthaften Verletzungen kommt es allerdings selten.

Lachmöwen schützen sich vor Feinden in erster Linie dadurch, daß sie sich zu kopfstarken Brutgemeinschaften zusammentun. Auch der gemeinsam erzeugte Lärm und ihr aggressives Verhalten dienen der Verteidigung. Trotzdem versuchen die Räuber immer wieder, von der großen Zahl der Möwenküken ihren Teil abzubekommen. Zu den potentiellen Beutefeinden zählen Rabenkrähe, Kolkrabe und Sumpfohreule, und auch der Rotmilan muß wohl oder übel durch einen Schwarm wütender, aufgebrachter Möwen Spießruten laufen, wenn er versucht, sich einen Jungvogel vom Erdboden zu schnappen. Dringt ein Rotmilan in eine Lachmöwenkolonie ein, fliegt er rasch und dicht über dem Boden. Zuvor hat er sorgfältig den günstigsten Zeitpunkt abgepaßt, und doch hat er keineswegs immer Erfolg. Häufig behalten die Möwen, die sich mit vereinten Kräften auf ihn stürzen, die Oberhand. Tagsüber wird auch der Fuchs kollektiv angegriffen. Wenn er – für den menschlichen Beobachter nicht sichtbar – am Hang entlangschnürt, verfolgt ihn etliche hundert Meter weit ein kreischender, immer wieder hinabstoßender Möwenschwarm.

Allzubald verlassen die lebhaften Vögel, die im Frühjahr das Quellgebiet des Flusses bevölkern, wieder das Hügelland, und mit ihnen die diesjährigen Jungvögel, die man an ihrer bräunlichen Flügelzeichnung erkennt. Wer in den Sommerferien an die hochgelegenen Seen fährt, um Vögel zu beobachten, wird die Lachmöwen schon nicht mehr antreffen. Die Säuberung der verlassenen Kolonie auf der Insel übernehmen die Krähen, Sturm und Regen sorgen dann im Winter für die gründliche Reinigung des »Lachmöwenslums«.

In manchen Feuchtgebieten brütet neben der Lachmöwe die Bekassine, die allerdings oft wenig auffällt und tagsüber zumeist schwer zu finden ist. Wenn der Tag zu Ende geht, werden die Vögel aktiv; das Männchen führt am Abendhimmel seine anmutige Flugbalz vor, bei der es sich im Sturzflug zur Erde fallen läßt und dabei mit den abgespreizten äußeren Schwanzfedern ein vibrierendes Summen oder Wummern erzeugt, das in Deutschland auch als »Meckern« bezeichnet wird. Dicht über dem Boden geht der Sturzflug wieder in den Steigflug über, dem ein erneuter Meckerflug folgt. Oft sitzt der Bekassinenmann auch mit eingezogenem Kopf, als sei er niedergeschlagen, auf einem zersplitterten Koppelpfahl; von dort klingt das Auf und Ab seines rhythmischen, monotonen Gesanges, der sich etwa wie »tücke, tücke, tücke« anhört, durch das offene Hügelland. Manchmal gewinnt man den Eindruck, als käme es von einem Bauchredner.

In den Abend- und den frühen Morgenstunden besucht auch der Alpenstrandläufer, der kleinste hier brütende Watvogel, der zudem auf den meisten Hügeln selten ist, die moorigen Abschnitte des verborgenen Flußlaufs, um im weichen Boden nach den Larven der verschiedenen Schnaken, Köcherfliegen und Mücken zu suchen. Auch die wenigen Käferlarven, die sich in den Bergbächen entwickeln, weiß er zu schätzen.

Die reizenden, vertrauten Alpenstrandläufer halten sich nur im Frühling und Sommer hier oben auf, um in der sicheren Abgeschiedenheit der offenen, weithin überschaubaren Landschaft dem Brutgeschäft nachzugehen. In dieser Jahreszeit tragen sie ihr schönstes Kleid: Die Rückenfedern sind im Mittelteil dunkel schwarzbraun gefärbt und außen breit zimtbraun gesäumt; der Gesamteindruck ist ein leuchtendes Kastanienbraun. Auf der Unterseite befindet sich ein ausgedehnter schwarzer Bauchschild. Die kurzen, kräftigen Beine und der glänzende Schnabel sind durchgehend tiefschwarz.

Wenn das in einem Grasbult oder auf kurzrasigen, von Schafen beweideten Flächen angelegte Nest endgültig bezogen ist, sitzt der brütende Vogel sehr fest auf den Eiern und ist schwer zu entdecken. Tagsüber brütet meistens der männliche Vogel, nachts dagegen das Weibchen. An warmen Maiabenden widmet sich das Männchen ausgiebig seinen hoch über dem engeren Brutgebiet ausgeführten Singflügen. Dabei folgt es in weitem Bogen den Grenzen seines Reviers und trägt seinen nicht sehr lauten, trillernden Gesang vor. Diesen Triller hört man zunächst halb unbewußt, dann ist es wieder ruhig. Nach kurzer Zeit ist der Gesang erneut zu hören, oder war das vielleicht doch eine Täuschung? Die Stimme des Alpenstrandläufers hört sich eigentümlicherweise an, als sei der Vogel weit entfernt, selbst wenn er in Wahrheit ganz in der Nähe ruft.

In den Hochlagen von Wales, Nordengland und Schottland ist der zierliche Alpenstrandläufer als Brutvogel selten und nur sporadisch verbreitet. Doch obwohl viele Gebiete, in denen er früher vermutlich gebrütet hat, durch Aufforstung und landwirtschaftliche Meliorationsmaßnahmen für ihn unbewohnbar geworden sind, war er wohl zu keiner Zeit häufig. Im Winter wird die Bindung der Alpenstrandläufer an die Flüsse wieder enger. Sie halten sich dann dort auf, wo der Unterlauf in den breiten Mündungstrichter übergeht, der sich seinerseits zur Nordsee, zur Irischen See oder zum Atlantik hin öffnet. An fast allen großen Flußmündungen Westeuropas findet man sie im Winterhalbjahr in großen Trupps, wobei sich den relativ kleinen einheimischen Brutpopulationen Artgenossen aus Island, Skandinavien und der Sowjetunion anschließen. Die Vögel tragen dann ihr oberseits graubraunes, düsteres Ruhekleid; die kastanienbraune, dunkel gefleckte Rückenzeichnung und der schwarze Bauchschild fehlen völlig. Obwohl der Alpenstrandläufer im Winter einer der häufigsten und bekanntesten Vögel der Gezeitenzone ist, lebt er jetzt zur Brutzeit im Hügelland heimlich und zurückgezogen, und nur derjenige, der viel Zeit und Mühe investiert, wird ihn hier oben an der Quelle beobachten können.

Unter den wenigen Vogelarten, die in den Feuchtgebieten der Hochlagen brüten, ist der Goldregenpfeifer eindeutig der schönste und prächtigste, sozusagen der König unter den Vögeln. Der Alpenstrandläufer schließt sich in Wales oft eng an seinen größeren Vetter an, er wird deshalb von den Walisern scherzhaft als »Knappe des Goldregenpfeifers« bezeichnet. Beim Goldregenpfeifer trennt ein breites weißes Band, das sich von der Stirn über die Flanken bis zu den Unterschwanzdecken erstreckt, die prachtvoll schwarz und goldgelb gesprenkelte Kopf-, Hals- und Rückenpartie vom Tiefschwarz des Gesichts, der Kehle und des Brust- und Bauchgefieders. Er ist der Wächter der Moore und Heiden des Hochlands. Von seinem Nistplatz, der sich stets in der kurzen, dichten Vegetation der trockenen Bodenwellen befindet, kann er seine Umgebung weithin überblicken, und niemand kann sich ihm unbemerkt nähern. Der Alpenstrandläufer schützt sein Nest vor Feinden, indem er es geschickt tarnt und das Gelege unter keinen Umständen im Stich läßt; der Goldregenpfeifer verläßt sich dagegen auf sein Frühwarnsystem. Lange bevor ein potentieller Störenfried, sei es nun ein zweibeiniger, ein vierbeiniger oder ein gefiederter, auch nur in die Nähe des Nestes kommt, ertönt der melancholisch flötende Warnruf des stets alarmbereiten Vogels. Die Eier selbst sind unregelmäßig gesprenkelt, ihre Fleckenzeichnung verschwimmt optisch auf verwirrende Weise mit dem vielfach gebrochenen Farbenspiel der Moose und Flechten, des Torfbodens und der Heidekrautstämmchen, in die die Nestmulde eingebettet ist.

Trotzdem hat der Alpenstrandläufer mit seiner Methode mehr Erfolg, denn von den Erstgelegen des Goldregenpfeifers werden viele von Krähen und Füchsen geplündert. Wo das der Fall ist, fällt die Brut in dem betreffenden Jahr nicht selten ganz aus, auch wenn man nach einem frühzeitigen Verlust der Eier eigentlich ein Nachgelege erwarten könnte. Oft hat man auch den Eindruck, daß anschließend ein anderes Brutpaar fast an der gleichen Stelle einen Brutversuch unternimmt.

Im Laufe des Juni sind aus den unentdeckt gebliebenen Eiern bereits die winzigkleinen Jungen geschlüpft, die dann aus dem Brutrevier weggeführt werden. Frisch geschlüpfte Goldregenpfeifer sind entzückende kleine Dunenbällchen. Winzig, noch ohne Schwanzfedern und schwarz und goldgelb gemustert, sind sie ungemein hübsch anzusehen. Unsicher balancieren sie auf ihren unverhältnismäßig langen Beinchen, die weit hinten am Körper ansetzen.

So ist das Quellgebiet des Flusses für einige wenige Wochen im Frühling und Frühsommer von pulsierendem Vogelleben erfüllt. Während dieser Zeit, im Mai und Juni, ist das Spektrum der Vogelarten, die man an den Flüssen und dazwischenliegenden Wasserscheiden entdecken kann, am größten, doch selbst dann erfordert das Beobachten größere Sorgfalt und mehr Geduld als in den meisten anderen Biotopen. Während der heißesten Stunden des Tages – das heißt, zu der Zeit, in der die meisten Bergwanderer hier oben ankommen – gibt es gerade am wenigsten zu sehen, denn der Aktivitätshöhepunkt fällt bei den Vögeln in die frühen Morgenstunden und, etwas schwächer ausgeprägt, in die Zeit der Abenddämmerung.

Die Mehrzahl derer, die im Hügelland beobachten wollen, kommt im Juli und August, wenn der Sommer schon weit fortgeschritten ist. Zu diesem Zeitpunkt sind viele Vögel bereits wieder

Der melancholische, flötende Ruf des Goldregenpfeifers ruft beim Beobachter eine ganz eigenartige Stimmung hervor.

weg, und in den Bergen und Mooren wird es wieder ruhiger. Die Möwen haben sich auf den Weg in die Ebene, zum Unterlauf des Flusses, gemacht, auch Alpenstrandläufer, Bekassine und Goldregenpfeifer sind verschwunden. Die Rohrammer singt nicht mehr, und die aufgeregten Rufe des Flußuferläufers am See sind verstummt. Übriggeblieben sind Moorschneehuhn, Kolkrabe, ab und zu ein umherstreifender Mäusebussard, die Rabenkrähen und hie und da eine Kornweihe. Die aufdringlichen Wiesenpieper sind allerdings auch noch da. Eintönig rufend, die Schnäbel immer noch gestopft voll mit Insekten, ziehen sie eine Brut nach der anderen groß.

Abgesehen davon gibt es noch einen Vogel, der diesem einsamen, wasserreichen Fleckchen Erde im Spätsommer gelegentlich eine Stippvisite abstattet, nämlich den Graureiher. Wenn die Brutsaison vorüber ist, wandern die jungen Graureiher aus den Brutkolonien an den tiefer gelegenen Flußabschnitten ab, um sich allein durchzuschlagen. Die ergiebigsten Nahrungsgründe in der Nähe der Brutplätze überlassen sie den Altvögeln, die dort ihre angestammten Reviere besitzen. Diese Jungvögel sind unerfahrene Vagabunden. Viele von ihnen werden ihren ersten Winter nicht überstehen, sondern der Kälte und der Futterknappheit zum Opfer fallen, wenn sie nicht während der Sommer- und Herbstmonate, in denen sie Freßbares im Überfluß finden, rasch lernen, worauf es später ankommt. Für diejenigen von ihnen, die das Quellgebiet aufsuchen, sind die Startbedingungen ausgesprochen ungünstig. Sie stellen im Flachwasser der Seen Fröschen und Molchen nach, verzehren die Schnaken, die in den nassen Mooren schlüpfen und schnappen sich jede Wühlmaus und jeden soeben flügge gewordenen Wiesenpieper, der ihnen in die Quere kommt. So ein junger, unerfahrener Graureiher findet hier selbst im Sommer nur schwer sein Auskommen; im Grunde lohnt sich der Aufenthalt für ihn hier nicht. Hin und wieder kommen auch alte Graureiher auf ihrem Weg von einem Flußsystem zum nächsten hier oben durch. Diese Durchzügler rudern mit gemächlichen Flügelschlägen dahin, wobei die Flügel durchgebogen sind. Der Hals ist s-förmig eingezogen, und die langen Beine überragen den Schwanz. Der Graureiher, ein lautloser Jäger der Marschländereien, der Seen, Flüsse und großen Flußmündungen, ist sozusagen der Nestor unter den Flußvögeln. Zuverlässiger als jede andere Vogelart begleitet er mit seiner Anwesenheit den langen Lauf des Flusses von der Quelle bis zur Mündung. Als grauer Wächter des Flusses und erfahrener und geübter Fischjäger verfügt er über einen Fundus an Erfahrung in und mit seinem Lebensraum, der 100 000 Jahre in die Vergangenheit zurückreicht.

Wenn sich die Rinnsale, aus denen der verborgene Flußlauf besteht, auf ihrem Weg ins Tal treffen, entstehen kleine Bäche, die mit jeder einzelnen glitzernden Wasserader, die sie in sich aufnehmen, breiter werden. Schon vor sehr langer Zeit haben sie ihre Fließrinnen in den weichen Torfboden eingegraben und plätschern nun rasch über den nackten Felsuntergrund, ergießen sich über die steilen Hänge und bilden dabei Stromschnellen und Wasserfälle. Die regelmäßigen Regengüsse sorgen dafür, daß die Bäche ihr Bett immer weiter auswaschen, so daß die Pflanzen hier keine Möglichkeit haben, im felsigen Untergrund dauerhaft Fuß zu fassen.

Wie viele andere Flüsse im Gebirge fließt auch der Severn recht bald durch einen düsteren Nadelwald, der alles wie ein Leichentuch vollständig bedeckt. In diesem Abschnitt stehen die Bäume dicht an dicht bis unmittelbar ans Wasser und beschatten es lückenlos. Mit solchen Flüssen können Vögel wenig anfangen, und nur an den etwas offeneren Stellen belebt hin und wieder eine Wasseramsel oder eine Gebirgsstelze den lichtlosen Sitkafichten-Forst. Wo alte Erlen oder Birken am Fluß erhalten geblieben sind, trifft man gelegentlich Erlen- und Birkenzeisige, die in den unbelaubten Zweigen an den Zapfen und Knospen naschen, aber am oder auf dem Wasser selbst zeigen sich Vögel nur selten und in großen Abständen; es scheint fast, als sei hier eine unsichtbare, heimtückische Kraft am Werk. Diese Bergbäche sind seit eh und je für ihr absolut sauberes, kristallklares Wasser bekannt. Schaut man in das stille Wasser der aus dem Fels herausgewaschenen Kolke oder in die klaren Fluten, die über Kiesbänke oder nackten Felsgrund sprudeln, versteht man das ohne weiteres. In den Bächen gibt es seit jeher gute Bestände an Forellen, Gründlingen und Groppen, und Wasseramsel und Gebirgsstelze haben sie auf ihrer ganzen Länge besiedelt. Alle diese Arten ernähren sich von Wasserinsekten; sie weisen daher als Indikatorarten auf die biologische Produktivkraft und den ökologisch gesunden Zustand der Bergbäche hin. Aber auch hier ist die Welt nicht mehr ganz in Ordnung. Die fast schon unnatürliche Klarheit des Wassers in manchen dieser Bäche deutet auf eine neuartige Form der Verschmutzung hin, auf den sauren Regen nämlich, unter dem die Flußsysteme der höher gelegenen Gegenden Großbritanniens, ebenso wie auf dem europäischen Festland, neuerdings zu leiden haben.

Schwefeldioxid und Stickoxide, die beiden Schadstoffe, die dafür verantwortlich sind, sind letztlich auf gasförmige Emissionen von Kraftwerken, Fabriken, Kraftfahrzeugen und anderen Quellen zurückzuführen. Sie werden vom Wind verdriftet und gelangen entweder als trockene Stäube oder, in Regen und Nebel gelöst, als feuchter Niederschlag auf die Erde. Nach und nach führen sie zu fortschreitender Versauerung des Bodens, vor allem dort, wo die Bodendecke, wie in den Hochlagen, nur dünn ist. Diese Versauerung kann für das vernetzte System der Tiere und Pflanzen ernste Folgen haben, da auch das Wasser fortwährend saurer wird, wodurch toxische Metalle im Boden wie etwa Aluminium leichter freigesetzt werden. In Skandinavien gibt es bereits viele Seen, die überhaupt kein Leben mehr aufweisen, in Deutschland sind die Waldbäume großräumig abgestorben, und nun stellt sich heraus, daß auch in Wales die Versauerung einiger Seen und Fließgewässer so weit fortgeschritten ist, daß dort sämtliche Fische sowie ein Großteil der Pflanzen und der wirbellosen Tiere verschwunden sind. Unter diesen Bedingungen können auch die Vögel nicht verschont bleiben; so wurde in Schweden nachgewiesen, daß der Fischadler und andere ans Wasser gebundene Arten an manchen Seen, die sie vorher regelmäßig aufsuchten, mittlerweile nicht mehr vorkommen. An den Bergbächen in meinem Beobachtungsgebiet werden die Wasseramsel, die Gebirgsstelze und der Flußuferläufer als erste Einbußen erleiden. Aber wir wissen zuwenig über die früher vorhandenen Bestände, so daß wir sie nicht mit den derzeitigen Populationsgrößen vergleichen und nachweisen können, inwieweit sie bereits zurückgegangen sind.

Die RSPB (=Königliche Gesellschaft zum Schutz der Vögel) hat während der letzten Jahre einen wichtigen Beitrag geleistet, indem sie in Wales Bestandserhebungen bei diesen und weiteren Vogelarten innerhalb ganzer Flußsysteme durchführte. Vor allem die Wasseramselpopulationen werden an vielen Flüssen sorgfältig kontrolliert, an denen gleichzeitig von den Wasserbehörden Meßstationen zur fortlaufenden Kontrolle des Säuregrades eingerichtet werden. Für die Einschätzung eines Umweltproblems wie des hier vorliegenden ist diese Arbeit von großer Bedeutung, auch wenn sie zur eigentlichen Lösung nichts beiträgt. Es ist durchaus denkbar, daß die Wasservogelbestände am Oberlauf vieler unserer Flüsse in den nächsten Jahren merklich abnehmen. Wahrscheinlich wird das Problem in solchen Flußsystemen besonders akut, in denen umfangreiche Flächen aufgeforstet wurden, denn es sieht so aus, als gebe es zwischen dem Grad

An den Seen und Teichen im Hochland gehen junge, umherzigeunernde Graureiher auf Beutefang.

der Versauerung und der Ausdehnung der Nadelholzpflanzungen einen deutlichen Zusammenhang. Möglicherweise liefert das Plynlimon-Massiv selbst den entscheidenden Hinweis: Die Forellenbestände sind sowohl am Oberlauf des Severn (wo sehr viel aufgeforstet wurde) als auch des Wye (wo keine Aufforstungsprogramme liefen) sorgfältig kontrolliert worden, und es zeichnet sich ab, daß die Populationsdichte im Wye sehr wohl den Erwartungen entspricht, während sie im Severn nur noch einen Bruchteil dessen erreicht, was eigentlich vorhanden sein sollte.

Wenn es eingangs hieß, der Severn stehe in diesem Buch als Beispiel für viele andere Flüsse, so gilt das nicht nur für Großbritannien, sondern auch für Mitteleuropa und insbesondere für die Bundesrepublik. Mit einer einzigen Ausnahme kann man alle erwähnten Vogelarten auch dort beobachten: Lediglich das Moorschneehuhn meidet den mitteleuropäischen Raum. Beachten muß man allerdings, daß Verteilung und Häufigkeit der Vögel regional sehr unterschiedlich sein können. Ein anschauliches Beispiel dafür ist der Rotmilan. Dieser Greifvogel, der in Großbritannien eine vielbeachtete Seltenheit darstellt, ist in der waldreichen Bundesrepublik keineswegs eine Ausnahmeerscheinung, sondern brütet hier mit Ausnahme des Nordwestens und mancher Teile Bayerns fast überall. Der Mäusebussard ist in beiden Ländern verbreitet und meist häufig; gleiches gilt für die Rabenkrähe. Ganz anders verhält es sich jedoch mit dem Kolkraben. Er lebte früher in allen bewaldeten Gebieten, wurde aber durch intensive Verfolgung so stark zurückgedrängt, daß er in weiten Teilen Deutschlands ausstarb. Gegenwärtig kommt er nur noch in Schleswig-Holstein und Niedersachsen sowie im Alpen- und Voralpengebiet in nennenswerter Zahl vor.

Die in diesem Kapitel erwähnten Enten (Schell-, Reiher-, Tafel- und Krickente) brüten in Deutschland durchweg in kleiner Zahl, sie können aber auf dem Zug an Flüssen und stehenden Gewässern regelmäßig beobachtet werden. Seltener ist der Gänsesäger, der in Schleswig-Holstein und Bayern nur noch in insgesamt etwas über hundert Paaren nistet. Nördlich und östlich der Bundesrepublik beheimatete Vögel erscheinen in Deutschland regelmäßig als Durchzügler und Wintergäste. Die Bläßgans schließlich ist in Mitteleuropa ebenfalls Durchzügler und Wintergast, vor allem an der Küste und in der Norddeutschen Tiefebene. Die dort erscheinenden Vögel gehören allerdings nicht der grönländischen Unterart an. Ihre Brutgebiete liegen im Norden der Sowjetunion.

Unter den Brutvögeln des walisischen Hochlands befinden sich vier Vertreter der Watvögel oder Limikolen: der Flußuferläufer, der Alpenstrandläufer, der Goldregenpfeifer und die Bekassine. Ihre mitteleuropäische Verbreitung ist derjenigen der erwähnten Enten vergleichbar: Als Brutvögeln wird man ihnen nur selten begegnen, auf dem Zug im Herbst und Frühjahr sind sie jedoch alle regelmäßig zu sehen. Flußuferläufer, Alpenstrandläufer und Goldregenpfeifer sind nach der Roten Liste in der Bundesrepublik vom Aussterben bedroht. Die Bekassine ist noch häufiger vertreten, aber auch sie hat unter der fortschreitenden Zerstörung ihrer Lebensräume erheblich zu leiden. Besser ist es dagegen um den Wiesenpieper und die Rohrammer bestellt. Diese beiden Singvögel sind, sofern es geeignete Biotope gibt, noch vielerorts zu Hause.

Der Graureiher ist einer der wenigen Großvögel, denen man auch heute noch relativ oft begegnet. Er hat in der Bundesrepublik bis in die 70er Jahre hinein vor allem unter dem erheblichen Jagddruck gelitten. Seit die Vögel nicht mehr verfolgt werden dürfen, haben sich die Bestände deutlich erholt. Graureiher sieht man nicht nur am Wasser, sondern, vor allem im Winterhalbjahr, auch auf Äckern, wo sie den Feldmäusen nachstellen.

Der Oberlauf

Der Fluß hat inzwischen die Hochlagen hinter sich gelassen. Aus tausend kleinen Rinnsalen und Bächlein, die an ebenso vielen Berghängen entsprungen sind, sind breitere Flußarme geworden, die sich nun schäumend durch die Vorberge wälzen, um sich dann in die Ebene zu ergießen, die aber noch ein gutes Stück entfernt ist. Diese Flüsse, die ja sozusagen noch in ihren Kinderschuhen stecken, sind ungestüm und unberechenbar: Wildwasserabschnitte, mitunter mehrere Meilen lang, finden sich im Wechsel mit kürzeren, ruhigeren Strecken, an denen Bäume bis an die vom Wind leicht gekräuselte Wasserfläche wachsen.

Seite 34/35: Der Oberlauf des Flusses, dessen rasch dahinströmendes Wasser sich tief ins Hügelland eingegraben hat, beherbergt ein reiches Vogelleben.

Es ist Nacht. Ringsum liegt alles in tiefer Ruhe. Der letzte Schimmer des vergangenen Tages ist verblaßt, und im Osten erhebt sich langsam die von herbstlichen Nebelschleiern verhangene Sichel des Mondes. Ihr fahles Licht erhellt die Ebene am Unterlauf des Flusses, die sich von hier an die 50 Kilometer weit erstreckt. Der Fluß fließt hier auf einer Länge von etwa einem halben Kilometer ruhig und gleichmäßig dahin, so als wolle er nach einem halsbrecherischen Abschnitt kurz Atem schöpfen, bevor er sich in den nächsten hineinstürzt. Eines der beiden Ufer ist von Bäumen gesäumt, das andere ist offen; hier erstrecken sich kleine Wiesenparzellen, die man jetzt in der Dunkelheit nicht erkennen kann, bis ans Wasser. Das Mondlicht fällt, gefiltert durch die reglosen Zweige der Eichen und Erlen, aufs Wasser, spiegelt sich undeutlich auf der Oberfläche und erweckt dadurch den Anschein, als sei der Fluß geisterhaft illuminiert. Die schwarzen Silhouetten der Bäume und die Umrisse der dicht aneinandergedrängten Hügel zeichnen sich vor dem schwach erleuchteten Himmel überdeutlich ab; in der Ferne erkennt man die winzigen hellen Fensterrechtecke der verstreut an den Hängen liegenden kleinen Bauernhöfe.

In die Stille hinein ruft ein Waldkauz sein durchdringendes »kjuwick«, ein zweites Tier antwortet aus größerer Entfernung von der anderen Seite des Tals. Jetzt im Herbst ist die Zeit, in der die Vögel ihre Jagdreviere für das Winterhalbjahr gegeneinander abgrenzen und die Jungen daraus vertreiben, damit sie sich allein durchs Leben schlagen. Der »kjuwick«-Ruf dient dabei als akustische Reviermarkierung.

Wo sich am jenseitigen Ufer das Grünland direkt bis ans Wasser erstreckt, fängt sich das Mondlicht in der strudelnden Strömung eines kleinen Bachs, der sich durch die feuchten Wiesen schlängelt und an dieser Stelle in den Fluß mündet. Mit Ausnahme des leisen Geräusches, das entsteht, wenn die weidenden Schafe das Gras abrupfen, ist absolut nichts zu hören. Vor dem leicht erhellten Nachthimmel löst sich ein Blatt von einer der alten Erlen, knistert im Fallen kaum hörbar zwischen den Zweigen, segelt dann leise hinab, verschwindet im Dunkel und legt sich sanft aufs Wasser, um ungesehen davonzutreiben. Im schwarzgrauen Nachtdunkel ist all dies nur schemenhaft erkennbar. Da löst sich drüben an dem sumpfigen Vorsprung der Bachmündung, direkt am Ufer des Flusses, ein Schatten und beginnt sich zu rühren. Lange Zeit war die hohe schlanke Gestalt regungslos verharrt, nun aber bewegt sich der geisterhaft anmutende Vogel, dessen Umrisse im bleichen Mondlicht kaum auszumachen sind, vom Fluß weg auf das höher liegende, versumpfte Ufer und wendet sich den weiten Wiesen zu. Urplötzlich, so daß man erschreckt zusammenzuckt, wirft er sich in die Luft; den langen Hals weit nach vorn gestreckt, stößt sich der Vogel mit den Beinen ab und breitet seine gebogenen Schwingen aus. Ein mißtönen-

Waldkäuze verschlafen die hellen Tagesstunden gern in den alten Uferbäumen.

des, heiseres »krräik!« zerreißt die Stille und jagt dem Beobachter kalte Schauer über den Rücken. Bis spät in die Nacht hat der Graureiher auf seinem Posten am Fluß gestanden, jetzt aber macht er sich auf zu seinem Schlafbaum, um dort in Sicherheit den Rest der dunklen Tageshälfte zu verbringen. Er fliegt in Richtung der Berge. Einen Augenblick lang zeichnet er sich vor dem Nachthimmel ab, dann verschluckt ihn wieder die Dunkelheit.

Ein Vogel wie der Graureiher überläßt, wenn es um die Auswahl und das Aufspüren der Nahrung geht, kaum etwas dem Zufall. Bei ihm besteht alles aus Routine. Sein Aktivitätszentrum bildet die Kolonie, obwohl die Vögel dort außerhalb der Brutsaison normalerweise nicht übernachten. Von dort streifen die Altvögel im Umkreis von zwölf bis fünfzehn Kilometern umher und suchen nach Freßbarem. Innerhalb ihres Gebietes wissen sie in der Regel ganz genau, wo sich am besten und ergiebigsten Beute machen läßt. Daß der besagte Reiher nachts an der Einmündung des kleinen Baches auf Fischfang aus war, war beileibe kein Zufall. Der Platz ist beliebt. Im Frühjahr und Sommer ist die Feuchtwiese dort übersät mit leuchtenden Kuckucks-Lichtnelken, gelbem Hahnenfuß und Wasserschwertlilien, und sie ist ein ergiebiger Fundort für Frösche, Insekten und Kleinsäuger. Im flachen Wasser des Baches gedeihen Elritzen und Groppen, und tagtäglich halten sich hier regelmäßig einzelne Graureiher auf, auch wenn der Besuch vielleicht nur von kurzer Dauer ist. Sie widmen sich der Nahrungssuche schwerpunktmäßig am Beginn oder am Ende des Tages; oft wird sie bis in die Nacht hinein ausgedehnt, sei es, daß die Not dies erfordert oder daß der Jagderfolg gerade außergewöhnlich gut ist.

Der Graureiher weiß, wo die ergiebigsten Fischgründe liegen. Diese Stellen werden gern und regelmäßig aufgesucht, mitunter sogar Tag für Tag.

Der Oberlauf des Flusses ist an dieser Stelle ganz typisch ausgebildet: Die Fließgeschwindigkeit, mit der das Wasser talwärts rauscht, ist hoch, und die Landschaft links und rechts besteht aus kleinflächigen, unregelmäßig angeordneten Hecken, Feldern und Wiesen mit vielen Grenzlinien. Die Wiesen und Weiden sind hier überall mit den landestypischen niedrigen Steinmäuerchen umgeben. Dazwischen liegen kleine Einzelhöfe, deren niedrige Gebäude sich an die Bergflanken schmiegen. Das Land gehört ganz den Schafen und außerdem den Brachvögeln.

Das kugelförmige, überwiegend aus Moos errichtete Nest der Wasseramsel befindet sich immer in unmittelbarer Nähe des Wassers.

Das Flußtal ist hier bereits tief eingeschnitten, wie man an den mancherorts anstehenden bewaldeten Felsvorsprüngen und -schluchten erkennen kann. Wo das nicht der Fall ist, bietet sich dem Auge zu beiden Seiten des Flusses der übliche Flickenteppich aus kleinen Äckern, sauberen Heckenzeilen, Feldgehölzen und dicht mit Adlerfarn überwucherten Böschungen dar. Die Ufer selbst sind meist mit Bäumen bestanden, in der Regel mit Eichen, Eschen, Erlen und Bergahorn. Zusammen mit den Eichenwäldern der Hanglagen bilden diese Bäume die letzten Überreste der Wälder, die ursprünglich das ganze Tal bedeckten, aber schon vor langer Zeit zugunsten der Schafe gerodet wurden. Die Schafzucht ist der Erwerbszweig, dem sich hier alles unterordnet, und Schafe sind es auch, die dem Hochland sein heutiges Aussehen verliehen haben.

Der stetig wachsende Fluß ist mittlerweile sechs bis sieben Meter breit, doch die Zweige der Eichen und Erlen berühren sich noch in der Mitte und bilden einen dunklen Tunnel aus Blattwerk, durch den das Wasser über den nackten Felsuntergrund schäumend und gischtend dahinrauscht, sich dabei an bemoosten Gesteinsbrocken bricht und kleinere Blöcke überspült. Ein dunkles, gedrungenes Vögelchen fliegt auf sonderbar kurzen, schwirrenden Flügeln ganz dicht über dem Spritzwasser flußaufwärts. Es ist eine Wasseramsel, die an diesem Abschnitt zu Hause ist. Die Wasseramsel ist weltweit der einzige Singvogel, der es gelernt hat, sich völlig an den Lebensraum Fluß anzupassen. Kein anderer Landvogel erbeutet seine Nahrung, wie sie, unter Wasser am Grund des Flusses.

Der Vogel landet 50 Meter entfernt auf einem flachen Felsblock in Ufernähe. Unter dem lichtschluckenden Schirmdach der Bäume ist er kaum zu erkennen, doch jetzt bewegt er sich und schaut wieder flußabwärts, so daß sich seine reinweiße Brust deutlich abzeichnet. Regelmäßig wie ein Metronom knickst die Wasseramsel auf ihrem Stein und blinzelt dabei mit der weißlichen Nickhaut, dem »dritten Augenlid« der Vögel. Das rhythmische Knicksen soll in Verbindung mit dem weißen Brustlatz vor dem Hintergrund aus dunklem Gestein und weißem Gischt das Auffinden des Vogels erschweren. Wenn das wirklich stimmt, habe ich mitunter den Eindruck, als habe die Evolution hier einen ihrer weniger erfolgreichen Einfälle verwirklicht, denn oft sind Wasseramseln gerade wegen dieser stereotypen Bewegung leicht zu finden. Die Wasseramsel ist ganz besonders typisch für Bergbäche und -flüsse, genauer: für den Übergangsbereich zwischen der unteren collinen Stufe und der Ebene. An diesen Gewässerabschnitten mit ihrer hohen Fließgeschwindigkeit lebt die Art unter optimalen Bedingungen. In den gebirgigen Teilen von England, Schottland und Wales gibt es kaum einen Fluß, der nicht einen guten Bestand an Wasseramseln beherbergt, sofern er nur die oben erwähnten Merkmale aufweist. Den topografischen Verhältnissen entsprechend ist die Wasseramsel in Großbritannien vor allem im Norden und Westen verbreitet, die ruhigeren Flüsse des Tieflands meidet sie. Wasseramseln sind keineswegs auf die Flußstrecken beschränkt, deren Ufer mit Bäumen bewachsen sind, man findet sie durchaus auch dort, wo es nur sehr wenig Deckung gibt, so etwa in den höheren Lagen des Penninischen Gebirges und der Snowdon-Gruppe. Solange im Wasser freiliegende Felsbrocken, steinige Uferabschnitte, Stromschnellen und kleine Wasserfälle zur Verfügung stehen, sind ihre Lebensbedingungen vollauf erfüllt. Ihre Bindung an Fließgewässer ist so eng, daß es geradezu

Wasseramseln sind typische Bewohner der Wildwasserabschnitte mit großen, von der reißenden Strömung umspülten Gesteinsblöcken.

komisch anzusehen ist, wie sie, wenn man sie stört, gewissenhaft jeder Flußbiegung folgt und niemals in Versuchung gerät, eine Flußschlinge abzuschneiden, selbst dann nicht, wenn ihr weder Bäume noch anderer Bewuchs den Weg versperren.

Es ist geradezu erstaunlich, wie weitgehend sich die Wasseramsel an das Leben unter Wasser angepaßt hat. Die Nahrungsaufnahme erfolgt fast ausschließlich im feuchten Element: der Vogel läuft dazu entweder unmittelbar von den Felsblöcken aus, auf denen sich die Sitz- und Ruheplätze befinden, ins Wasser, oder er stürzt sich kopfüber in die Strömung und schwimmt mit kräftigen Flügelschlägen in ihr. Am Bachgrund bewegt sich die Wasseramsel laufend fort und wendet dabei mit dem Schnabel Kieselsteinchen um. Um den Auftrieb im Wasser auszugleichen, spreizt sie die Flügel halb ab und wählt den Anstellwinkel so, daß sie von der Strömung nach unten auf den Grund des Baches gedrückt wird. Unter den Steinen im Bachgeröll erbeutet sie kleine Steinfliegen- und Eintagsfliegenlarven, die während der größten Zeit des Jahres ihre Hauptnahrung bilden. Allem Anschein nach ist die Häufigkeit eben dieser beiden Insektenordnungen, und zwar im Larvenstadium, das sie unter Wasser verbringen, der wichtigste Regulationsfaktor, nach dem sich Populationsdichte und Bruterfolg der Wasseramsel richten. Allmählich zeichnet sich mehr und mehr ab, daß an vielen Flüssen, vor allem an solchen, in deren Einzugsgebiet viel aufgeforstet wurde, der steigende Säuregrad des Wassers den Rückgang dieser Kerbtiere verursacht. In der Folge wirkt sich dies auf die Wasseramselbestände aus: Sie nehmen in den betreffenden Gebieten bedauerlicherweise deutlich ab.

Wasseramseln halten sich meist das ganze Jahr über am gleichen Bachabschnitt auf. Abgesehen von einigen der höchstgelegenen Bereiche gibt es für sie kaum einen Grund wegzuziehen. Die Jungvögel entfernen sich in der Regel nicht weit vom Ort ihrer Geburt, sie müssen sich allerdings unbesetzte Reviere suchen, in denen sie sich niederlassen können. Wie viele andere Vogelarten beansprucht auch die Wasseramsel ein festes Revier. Der eigene Bachabschnitt wird hartnäckig gegen eindringende Artgenossen verteidigt, die Anwesenheit solcher Konkurrenten würde das kostbare Nahrungsangebot gefährlich verknappen. Die Länge der einzelnen Reviere wird instinktiv so bemessen, daß ein angemessener Nahrungsvorrat sichergestellt ist: Wo der dahinrauschende Fluß breit ist und viele Felsblöcke, Stufen und Stromschnellen sowie Kiesgeröll am Grund enthält, ist das Revier kürzer, manchmal nur etwa 400 Meter lang. Wo der Fluß oder Bach dagegen schmal ist, kann das Revier eine Länge von einem bis zu eineinhalb Kilometern aufweisen. Die äußere Umgrenzung eines Wasseramselterritoriums läßt sich leicht herausfinden, denn vermutlich besitzt keine andere Vogelart in Europa ein derart langes und schmales Revier. Folgen Sie einfach dem Vogel am Wasserlauf entlang; er wird abschnittweise vor Ihnen herfliegen, bis er die Grenze seines Gebietes erreicht hat. Dann macht er kehrt und fliegt über Ihren Kopf hinweg zurück; das ist ihm immer noch lieber, als die Grenze verletzen und ins Revier seines Nachbarn eindringen zu müssen.

Die Wasseramsel brütet zeitig – von Mitte März ab – und zieht normalerweise zwei Bruten groß. Das kugelige, aus Moos gebaute Nest, das geschickt außerhalb der Reichweite etwaiger Frühjahrshochwässer plaziert ist, befindet sich unter Brücken, neben Wasserfällen oder zwischen den freiliegenden Wurzeln eines Uferbaumes. In Deutschland fand man nicht selten Nester, die direkt unter Wasserfällen angelegt waren. Die Vögel mußten also bei jedem An- und Abflug den Vorhang aus herabstürzendem Wasser durchstoßen. Wenn die jungen Wasseramseln ausfliegen, vertrauen sie sich vom allerersten Moment an dem Wasser an.

In der Zeit vor der Jahreswende, wenn die Wintertage zunehmend kürzer werden, sind die Wasseramseln besonders lautfreudig. Ihr Gesang, mit dem die Balz eingeleitet wird, besteht aus unmelodischen, kurzen Elementen, die kraftvoll vorgetragen werden. Trotzdem nimmt das Lied den Zuhörer wegen der unerwarteten Leidenschaft, die darin zum Ausdruck kommt, gefangen. Das Männchen singt entweder auf seinem wasserumspülten Stein oder im schnellen, schnurrenden Flug, der hoch über den Baumwipfeln flußaufwärts oder -abwärts führt. Es stößt sein anspruchsloses, alles andere als romantisches Lied mit der gleichen Kraft und Entschlossenheit hervor, die anscheinend alle Aktivitäten dieser Vögel kennzeichnet. Bei solchen Gelegenheiten kann es sogar vorkommen, daß die Wasseramseln ausnahmsweise einmal nicht strikt dem Wasserlauf folgen!

Den widerstandsfähigen kleinen Vögeln macht offensichtlich selbst der wildeste Strudel keine Angst; sie stürzen sich ohne weiteres in die rauschenden Fluten und bleiben eine Zeitlang verschwunden, um dann vielleicht 30 Meter flußabwärts wieder aufzutauchen. Das Auftauchen geht blitzschnell: Wie ein Korken schießt der Vogel an die Oberfläche, schwimmt ans Ufer und steht mit einem Satz wieder auf dem Trockenen. Dieser ganze Vorgang wiederholt sich tagtäglich Hunderte von Malen. Wenn man Wasseramseln beobachten will, gibt es kaum einen besseren Platz als eine Brücke. Dort kann man sich bequem auf die Brüstung lehnen und warten, bis sich das benachbarte Brutpaar sehen läßt. Hier findet man auch die farbenfreudige, zierliche Gebirgsstelze, die so oft den gleichen Lebensraum bewohnt wie die Wasseramsel. Diese beiden Vogelarten sind aufs engste mit dem schnell fließenden, mit großen Gesteinsblöcken übersäten Bergbach verbunden. Trotzdem läßt ihre Lebensweise große Unterschiede erkennen.

Die Familie der Stelzen ist im größten Teil Europas nur mit drei Arten vertreten, der Bachstelze, der Gebirgsstelze und der Schafstelze. Die Trauerbachstelze ist die schwarzrückige englische Rasse der mitteleuropäischen Bachstelze. Diese beiden Formen, die trotz ihres unterschiedlichen Aussehens zu ein und derselben Art gehören, sind leicht zu erkennen. Die Bestimmung der anderen beiden Arten bereitet jedoch dem Ungeübten häufig Schwierigkeiten. Bei der Gebirgsstelze fällt vor allem die leuchtend zitronengelbe Unterseite auf, die zum Schiefergrau des Rückens einen deutlichen Kontrast bildet. Der schlanke, in der Mitte schwarze Schwanz ist länger als bei den anderen Stelzen. Während die Tiere am Spülsaum entlangtrippeln oder auf Steinen am Ufer sitzen, befindet er sich permanent in wippender Bewegung. Die Schafstelze ist unterseits ebenfalls leuchtend gelb. Auch bei dieser Art sieht die englische Rasse anders aus als die Festlandform: Bei ersterer erstreckt sich das Gelb auch auf den Überaugenstreif und andere Teile des Kopfes, bei der mitteleuropäischen Rasse ist der Oberkopf aschgrau und der Überaugenstreif weiß. Wichtigstes optisches Kennzeichen zur Unterscheidung von der Gebirgsstelze ist in jedem Fall der olivgrüne (nicht graue) Rücken. Die Schafstelze unterscheidet sich auch in anderen Punkten von der Gebirgsstelze: Sie ist ein Sommervogel, die Gebirgsstelze dagegen Teilzieher, das heißt, auch im Winter anzutreffen. Darüber hinaus bewohnt die Schafstelze einen vollkommen anderen Lebensraum, nämlich in erster Linie Viehkoppeln und Marschland der Tieflagen.

Nun könnte man fragen, warum drei Stelzenarten, die alle mehr oder weniger an den Fluß gebunden und alle Insektenfresser sind und die sich oberflächlich auch sonst in mancher Hinsicht

Die Gebirgsstelze bevorzugt den gleichen Lebensraum wie die Wasseramsel.

ähneln, nebeneinander existieren. Könnten sie nicht alle in einer Überart, einer Art »Superstelze«, aufgehen? Die Antwort auf die Frage lautet, daß es trotz aller tatsächlich vorhandenen Ähnlichkeiten eben doch feine, aber wichtige Unterschiede in der Lebensweise gibt, die so groß sind, daß jede Art eine eigene, deutlich abgrenzbare ökologische Nische besetzen kann. So sucht zum Beispiel die Schafstelze ihre Nahrung auf Wiesen, wobei Viehweiden und beweidetes Marschgrünland deutlich bevorzugt werden. Die Nahrung, die sie benötigt, ist im Winter unerreichbar; sie ist daher gezwungen, wegzuziehen und die Hälfte des Jahres in Afrika südlich der Sahara zu verbringen.

Die Bachstelze weist demgegenüber eine viel engere Bindung an menschliche Siedlungen und andere vom Menschen errichtete Bauwerke auf. Besonders zahlreich vertreten ist sie in der Umgebung von Bauernhöfen, Kläranlagen und an innerstädtischen Gewässern, sie ist jedoch nicht unbedingt auf die Nähe des Wassers angewiesen.

Die Gebirgsstelze ist ein charakteristischer Bewohner schnellfließender Bergbäche und Flußoberläufe. Das zierliche, nimmermüde, auffällige Vögelchen ernährt sich vor allem von Kerbtieren, die als Larven im Wasser leben. Sie erbeutet diese, indem sie sorgfältig die Kiesel am Spülsaum unterhalb von vorspringenden Felsen und Steinblöcken absucht, die Spalten und Risse der moosbewachsenen Ufersteine untersucht und nicht zuletzt auch, indem sie in gewandtem Flatterflug kurze Ausfälle macht und so die langsam fliegenden Imagines von Eintagsfliegen, Köcherfliegen und Mücken in der Luft fängt.

Hier im Hochland kommt es selten zu Überschwemmungen. Zwar kann sich der Pegelstand in den Flüssen rasch und äußerst drastisch erhöhen, doch das Gefälle ist durchweg groß und die Wasserläufe haben ihr Bett tief in den Untergrund eingegraben, so daß selbst große Wassermengen ablaufen können, ohne Schaden anzurichten. Schon die äußere Form der Flußtäler mit ihren steil abfallenden Hängen und den engen Talböden hilft größere Katastrophen verhindern. Den Wasserbehörden bereiten die oberen Abschnitte der Flüsse daher wenig Kopfzerbrechen. Eingriffe sind hier kaum erforderlich. Demzufolge konnte die großräumige Vernichtung von artenreichen Lebensräumen, wie sie in den tieferen Lagen stattgefunden hat, hier oben vermieden werden. Die Wasserbehörden, die aufgrund ihres umfangreichen Etats und ihrer rechtlichen Position die äußere Form und die naturräumliche Ausstattung der Flüsse entscheidend beeinflussen können, sind satzungsgemäß sowohl für die Dränage von landwirtschaftlichen Flächen als auch für den Hochwasserschutz verantwortlich. Häufig kommt es im Zuge der damit verbundenen Arbeiten zur Zerstörung der Ufervegetation. Nicht selten müssen auch abgestorbene oder überhängende Uferbäume entfernt und Flußbetten vertieft werden, um den ungehinderten Abfluß des Wassers zu gewährleisten. Dies mag für den Hochwasserschutz durchaus von Vorteil sein, doch für das Tier- und Pflanzenleben hat es oft katastrophale Folgen.

Maßnahmen solcher Art werden an den Oberläufen nur in ganz geringem Umfang durchgeführt. Dies hat in Verbindung mit der Tatsache, daß die Uferbereiche häufig felsig oder sumpfig sind, (weshalb sie bis heute für eine ernsthafte landwirtschaftliche Nutzung nicht in Frage kommen) dazu geführt, daß der Baumbestand der Flußufer und selbst größere flußnahe Wälder erhalten blieben. Die Reste des ursprünglichen Waldbestandes, die hier – sicher vor der Kettensäge und dem Pflug – die Hänge überziehen, sind wertvolle natürliche Inseln in einer sich ansonsten rasch verändernden Umwelt. Der Waldboden ist hier vielfach naß und sumpfig; die vorherrschenden Baumarten sind Erle und Esche. Andere Wälder stocken auf steilen, trockenen Hängen. Hier stehen die Eichen im Vordergrund, und Esche, Bergahorn, Bergulme und Birke sind hie und da eingestreut. Beide Waldgesellschaften beherbergen jeweils ein eigenes Spektrum von Vogelarten. Diese Vögel sind also eher zufällig zu »Flußvögeln« geworden – die Ursache dafür ist nicht in den natürlichen Gegebenheiten, sondern in den besonderen Umständen zu suchen, die der Nutzung durch den Menschen entgegenstehen. In einer Berglandschaft, die ihre Wälder bereits weitgehend eingebüßt hat, haben diese schmalen Waldstreifen entlang den Bächen und Flüssen mittlerweile eine erhebliche ökologische Bedeutung erlangt.

Die feuchten Talniederungen mit ihren Erlenbeständen sind im Winter ein beliebter Aufenthaltsort für Waldschnepfen. Da sie einen permanenten Zufluß von Sickerwasser erhalten, das in vielen einzelnen Adern aus den Felswänden herabrieselt, bleibt der Erdboden auch dann feucht und weich, wenn strenger Bodenfrost andere Feuchtgebiete im Eis erstarren läßt. Hier stochert die Waldschnepfe auf der Suche nach Regenwürmern im weichen Erdreich und wendet mit dem Schnabel das welke Fallaub um, um Tausendfüßler, Ohrwürmer, Asseln und kleine Käfer zu

Die Waldschnepfe lebt heimlich und zurückgezogen. Sie wird erst in der Abenddämmerung aktiv.

erbeuten. Waldschnepfen sind seltsam heimliche, von einer mysteriösen Aura umgebene Vögel. Man findet sie, wie ihr Name bereits andeutet, in der Regel in Wäldern, und zwar dort, wo reichlich Deckung vorhanden ist. Sie suchen ihre Nahrung hauptsächlich nach Einbruch der Abenddämmerung. Sie verlassen dann die Wälder am Fluß und fliegen unbeobachtet zu ihren bevorzugten Nahrungsgründen. Dort ertasten sie im Schutz der Dunkelheit mit dem langen Schnabel Regenwürmer im Boden, denn dies ist auch genau die Zeit, zu der diese meistens an die Oberfläche kommen. Die Vögel finden sich Nacht für Nacht auf dem gleichen Wiesenstück ein, doch wenn der Morgen anbricht, haben sie sich längst wieder in den Schutz der Deckung zurückgezogen. Dank ihrer hervorragenden Tarnzeichnung sind die Tiere im feuchten Fallaub mit seinen schwarzen und braunen Farbtönen nahezu unauffindbar. Die Augen der Vögel sind so weit zurückgestellt, daß sie ohne den Kopf zu bewegen den Luftraum über und hinter sich beobachten können, und zwar selbst dann, wenn sie mit dem Schnabel in der Erde stochern!

In alten, morschen Baumstümpfen und an abgestorbenen Ästen erbeutet der Buntspecht mit Hilfe seines Meißelschnabels eine Fülle von überwinternden Insekten und Insektenlarven. Zu den Waldvögeln, die hier am Fluß häufig sind, gehören außerdem die Sumpfmeise, der Waldbaumläufer und der Kleiber. Und doch gibt es im Winter Tage, an denen der Wald seltsam still zu sein scheint und an denen sich kein Vogel blicken läßt. An anderen Tagen wiederum entfaltet sich am gleichen Ort reges Vogelleben. Die Bäume am Flußufer werden gern von umherstreifenden Erlen- und Birkenzeisigtrupps aufgesucht, die oft auch miteinander vergesellschaftet sind. Beide nutzen ausgiebig das Samenangebot der Birken und Erlen, und wenn sich zu Beginn des Frühlings die Lärchenknospen öffnen, profitieren sie auch von den darin lebenden Insekten. Die beiden kleinen Zeisige sind wahre Kletterakrobaten. Während der Nahrungssuche hängen und schaukeln sie geschickt an den dünnen äußeren Zweigen und holen dabei mit ihrem spitzen Schnabel die Samen aus den Fruchtständen. Im Winterhalbjahr halten sie sich größtenteils in der Nähe der Flüsse auf, denn heutzutage sind Erlenbestände anderswo kaum noch zu finden.

Die ganze Pracht und die immense Bedeutung, die diese schmalen flußbegleitenden Wälder haben, zeigt sich jedoch erst, wenn der Frühling unwiderruflich die Herrschaft angetreten hat. Die allgegenwärtigen Schafe sorgen dafür, daß der Brombeerenunterwuchs gar nicht erst richtig aufkommt, und auch sonst ist die Strauchschicht schwach ausgeprägt. Dennoch bildet der Waldboden ein abwechslungsreiches grünes Mosaik aus Moosen, Farnen, Waldgräsern und Flechten. An manchen Stellen blühen Buschwindröschen und Waldsauerklee, daneben gibt es ausgedehnte Bestände von Bärlauch und Hasenglöckchen, die beide für Schafe ungenießbar sind. Abgesehen von den vielen Jahresvögeln, die im April und Mai wieder zur Brut in den Wald zurückkehren, zum Beispiel Rotkehlchen, Blau- und Kohlmeise, Saatkrähe, Waldkauz, Dohle und Star, gibt es eine ebenso umfangreiche Welle von heimkehrenden Sommervögeln, vor allem von Langstrekkenziehern, die in diesen flußnahen Wäldern besonders zahlreich vertreten sind. Das ist auch der Grund, warum es im Frühling viele Ornithologen gerade hierher zieht.

Einer dieser Sommergäste ist der Trauerschnäpper, der in vielen Tälern der Hochlagen zu den ausgesprochen häufigen Brutvögeln gehört. Dem kontrastreich gefärbten und recht vertrauten Vögelchen zuzuschauen, ist im Frühjahr immer ein besonderer Genuß. Trauerschnäpper nisten in kleineren, natürlichen Höhlen in alten Bäumen, beziehen aber auch Nistkästen, sofern sie vorhanden sind, bereitwilliger als die meisten anderen Arten. Der Brutbeginn wird zeitlich so abgestimmt, daß er genau in die Periode fällt, in der die Raupen des Eichenwicklers, des Frostspanners und anderer Falter, die vor allem an Eichen Schäden verursachen können, in riesigen Mengen aus den Eiern schlüpfen. Das ist Ende Mai oder Anfang Juni der Fall.

Ein anderer häufiger Höhlenbrüter, der hier ebenfalls zu Hause ist, ist der Gartenrotschwanz. Das Gartenrotschwanzmännchen ist wohl der bunteste unter den heimischen Sommervögeln: Oberkopf und Rücken sind grau gefärbt, die Brust ist orangerot, dazu kommen ein tiefschwarzes Gesicht und eine ebensolche Kehle sowie ein weißes Stirnband. Der rostrote Schwanz fällt besonders im Flug auf.

Mit der Rückkehr der Sommervögel erhält der Wald neue farbliche und akustische Akzente: ganz links ein Männchen des Gartenrotschwanzes, daneben zwei Waldlaubsänger. Rechts Trauerschnäpper – das oberseits etwas heller gefärbte Tier in der Mitte ist ein Weibchen.

Der häufigste Vertreter der Grasmückenfamilie, zu der neben den eigentlichen Grasmücken die Laubsänger, Schwirle, Spötter und Rohrsänger gehören, ist hier der Waldlaubsänger. Das liegt vor allem daran, daß die bekannteren Garten- und Mönchsgrasmücken dort, wo es kein Unterholz gibt, normalerweise nicht vorkommen. Sie sind eher an halboffenen, dicht mit Brombeer-, Stechginster- und Weißdorngestrüpp bewachsenen Uferabschnitten zu finden. Der Waldlaubsänger hält sich größtenteils im Kronenbereich der Bäume auf. Sein Gesang besteht aus zwei ganz verschiedenen Strophen: Zum einen hört man von ihm einen wohlklingenden, etwas melancholisch wirkenden Flötenton, der 15 oder 20mal rasch wiederholt wird. Danach folgt ein langsam beginnendes, immer schneller werdendes, zum Schluß an Heuschrecken erinnerndes Schwirren, das man etwa mit »sip sip sipsip sipsipsipsirrrr« umschreiben kann. Auf den offenen Waldlichtungen halten sich gern der Baumpieper und der Fitislaubsänger auf. Der Kleinspecht, der eher zu den Jahres- als zu den Sommervögeln gehört, legt seine Bruthöhle mit Vorliebe in Erlen an, deren weiches Holz er ohne Schwierigkeiten bearbeiten kann. Einflugloch und Höhle befinden sich oft an der Unterseite von stärkeren Ästen, die über die Wasserfläche ragen.

Hier am Oberlauf variiert die Breite des Flußtales beträchtlich. An manchen Abschnitten bleibt auf beiden Seiten des Flusses genügend Platz für ausgedehnte ebene Grünlandflächen. Dort ist das Gefälle geringer, und der Fluß präsentiert sich in ganz anderer Gestalt. An einem solchen Abschnitt bildet der Severn zwei regelmäßig geschwungene Mäander. Drei sichelförmig verlaufende Baumstreifen aus alten Erlen und Eschen, die sich am Rand der kleinen Ebene dicht an die Hänge schmiegen, deuten an, daß sich hier alte Flußschlingen befinden und daß der Fluß früher einmal dicht unterhalb der Talwände entlanggeflossen sein muß. Hier wachsen sonst kaum andere Bäume, und anstelle der früher vorhandenen Hecken gibt es heute nur Drahtzäune.

In diesem Gebiet halten sich gern Gänsesäger auf. Oft kann man die Vögel beim Fischen in den klaren, tiefen Abschnitten des Flusses antreffen. Aber sie sind äußerst vorsichtig, und es ist schwierig, sie aus der Nähe zu betrachten. Sofern man dies überhaupt versuchen will, ist große

Umsicht geboten: Man muß jedesmal, wenn die Vögel tauchen, rasch weitergehen und dabei jede noch so kleine Deckungsmöglichkeit ausnutzen. Tauchen sie wieder auf, heißt es, kurz vorher zur Salzsäule zu erstarren. Es ist eine echte Herausforderung, aber es lohnt sich, dafür Zeit und Mühe zu investieren, denn die seltenen, farbenfrohen und aufregenden Tiere einmal von nahem zu beobachten, ist ein wirklich großartiges Erlebnis.

An der Außenseite jeder Krümmung, dem Prallhang, spielt sich ein immerwährender Kampf um die Verteilung von Wasser und Land ab. Der Fluß unterspült die Ufer, trägt den weichen Auenlehm, den er über Jahrhunderte selbst abgelagert hat, wieder ab und transportiert ihn in die Ebene und mit der Zeit bis zu seiner Mündung. In diesen weichen, immer wieder abbrechenden Steilufern legen Uferschwalben ihre Röhren an. Im nächsten Winter füllt sie das Wasser dann mit Lehm, nagt Teile des Ufers weg und macht so die Arbeit, die die Vögel eine Brutsaison lang verrichtet haben, wieder zunichte.

An der Innenseite der Biegungen, also am Gleithang, findet genau das Gegenteil statt: Hier lagert der Fluß sein aus runden Kieseln bestehendes Geschiebe ab, das durch die Kraft des Wassers von den Felsen des Plynlimon losgespült und durch den Transport über 50 oder mehr Kilometer rund geschliffen worden ist. Auch am gegenüberliegenden Prallhang spült der Fluß, der ständig an der weichen Auelehmauflage nagt, den darunter liegenden Kies frei und transportiert diese Steine allmählich ebenfalls ab. Das Flußbett verlagert sich also nach und nach von einer Seite des Tals auf die andere.

Je weiter man sich vom derzeitigen Bett entfernt, desto mehr Pflanzen siedeln sich auf dem kiesigen Ufer an. Mit der Zeit bildet sich hier nämlich eine dünne Auflage aus feinstem Schwemmlehm, die den Erstbesiedlern unter den Pflanzen günstige Bedingungen bietet. So verschwindet der Kies allmählich unter einer Bodendecke von geringer Mächtigkeit. Da der Fluß seinen Lauf Zentimeter für Zentimeter in die andere Richtung verlagert, werden diese Flächen irgendwann nicht mehr vom Wasser beeinflußt. Der Kies ist jetzt verdeckt, er liegt aber so dicht unter der Oberfläche, daß der neu entstandene Boden nicht unter den Pflug genommen werden kann. In der Mitte des Tals nehmen solche bogenförmig verlaufenden, mit einer flachgründigen Bodenschicht bedeckten Kiesstreifen die gesamte Grundfläche ein. Stellenweise wird dieses Gebiet von kreuz und quer laufenden ehemaligen Altarmen durchschnitten, die sich bei Hochwasser zuallererst mit Wasser füllen. Diese Senken sind für die Vögel von besonderer Bedeutung, denn der Schwemmlehmboden ist dort oft schlammig und bleibt in vielen alten Flußschlingen das ganze Jahr über feucht. Hier finden insektenverzehrende Vögel, aber auch solche, die im Schlamm nach wirbellosen Tieren suchen, einen reich gedeckten Tisch vor.

Die eben beschriebenen Kiesablagerungen sind größtenteils mit Stechginster bewachsen. Es ist eine erfolgreiche Pionierpflanze, und wenn er in dem flachen Boden erst einmal Fuß gefaßt hat, wächst er schnell heran. Er trägt mit der Zeit selbst aktiv zur Aufhöhung der Lehmauflage bei, weil sich zwischen den Wurzeln und Zweigen Schwemmerde ansammelt. In letzter Konsequenz hat dieser Prozeß seinen eigenen Untergang zur Folge, denn wenn der fruchtbare Boden mächtig genug ist, brennt der Bauer den Stechginster ab, bricht die Flächen um und sät Gräser ein, um sie wieder als Weideland nutzen zu können. Das Stechginstergestrüpp am Fluß, das im Hochsommer einen schweren, süßen, zu Kopf steigenden Blütenduft ausströmt, bildet einen Anziehungspunkt für eine ganze Reihe von Vögeln, die hier sonst nicht anzutreffen wären, für die dies aber weit und breit der einzige geeignete Lebensraum ist.

Einer davon ist die Dorngrasmücke. Sie nistet im Sommer in den undurchdringlichen Stechginster- und Brombeerdickichten. Ihr Gesang ist ein rauhes, aber trotzdem als angenehm empfundenes, eiliges Zwitschern, das entweder von der Spitze eines Busches oder im zierlich tänzelnden Balzflug vorgetragen wird. Das Schwarzkehlchen ist ebenfalls ein typischer Bewohner dieses Biotops, der sich jedoch im Unterschied zur Dorngrasmücke das ganze Jahr über hier aufhält. Da seine Brutsaison bereits im März beginnt, kann ein Schwarzkehlchenpaar mehrmals hintereinander Junge großziehen. Es kommt vor, daß die Altvögel bis Ende Juli mit dem Füttern ihrer dritten Brut beschäftigt sind. Das Männchen ist besonders hübsch anzusehen: Mit seinem schwarzen Kopf, der orangefarbenen Brust und den weißen Halsflecken kann man es mit keinem anderen heimischen Vogel verwechseln. Wenn man im Juni hierherkommt, kann man in den Stechginsterbüschen hier und da ganze Schwarzkehlchenfamilien beobachten. Die Vögel fliegen von ihren Sitzwarten auf den Sträuchern blitzschnell auf den Erdboden, wenn sie dort ein Insekt entdeckt haben, und nehmen anschließend ihren vorigen Ausguckposten wieder ein.

Dichtes Stechginstergestrüpp am Flußufer ist für viele Kleinvögel sehr attraktiv.

Männchen des
Schwarzkehlchens
Goldammer-
männchen
Goldammer-
weibchen
Männchen des
Schwarzkehlchens
Dorngrasmücken-
männchen
Dorngrasmücken-
weibchen
Goldammer-
männchen
Weibchen des
Schwarzkehlchens

Wo zwischen den Ginsterbüschen bereits die ersten Salweiden oder Erlen Fuß fassen konnten, siedeln sich gelegentlich Rohrammern an. Sie beziehen auch gern die etwas feuchteren Bodensenken. Hier überschneiden sich die Lebensräume der Rohrammer und ihrer häufigeren Schwester, der Goldammer, die ansonsten trockenere Biotope vorzieht.

Die Stechginsterdickichte sind auch für einen ganz anderen, sehr selten gewordenen Flußbewohner von übergeordneter Bedeutung: Hier befinden sich nämlich die Tagesverstecke des Otters. Dieser Wassermarder, der früher überall in Nord- und Mitteleuropa vorkam, ist inzwischen im größten Teil seines ehemaligen Verbreitungsgebietes ausgestorben. In einigen Teilen von Wales und vor allem in Schottland konnten sich die Tiere bis heute halten. Am ungestörten, sauberen Oberlauf des Severn gibt es noch eine recht ansehnliche Otterpopulation. Die Tiere nutzen hier und an anderen Flußläufen das dichte Gesträuch zur Anlage ihres Lagers; es bildet für sie eine Alternative zu den herkömmlichen Bauen in natürlichen Uferhöhlungen im Wurzelwerk einer Esche oder eines Bergahorns.

Auf den offenen, grasbewachsenen Uferabschnitten brütet der Kiebitz. Als Bodenbrüter meidet er naturgemäß die Stechginsterbestände. Im Spätsommer und Herbst sammeln sich die Vögel hier zur Rast und zur Futtersuche, bevor sie in ihre Winterquartiere an der Küste oder auf den landwirtschaftlich genutzten Flächen der Ebene mit ihren reicheren Böden abwandern. Neben dem Kiebitz begegnet man hier zu verschiedenen Zeiten des Jahres auch anderen Watvögeln. An den tiefer gelegenen, nassen Stellen geht die Bekassine der Nahrungssuche nach, und im Juli und August ziehen Waldwasserläufer und Alpenstrandläufer durch. Für die Alpenstrandläufer ist der Uferbereich auch als Nahrungsbiotop interessant. Einzeln oder manchmal in kleineren Gruppen stochern sie, wo der Kiesstrand schlammige Stellen aufweist, im Boden. Sie erbeuten dort vor allem Insekten und deren Larven.

Diese für die langschnäbligen Bekassinen und die Alpenstrandläufer typische Methode des Stocherns im weichen Boden ist keineswegs charakteristisch für alle Watvögel. Zwei weitere Arten, die hier an den flachen Ufern vorkommen, picken ihre Nahrung von der Erdoberfläche auf. Sie suchen systematisch offene Stellen zwischen den Kieseln sowie Schlammflächen und wenig bewachsene Plätze ab. Eine von ihnen, der Flußuferläufer, nistet auch hier, weit entfernt von den Bergseen, an denen wir ihm zum ersten Mal begegnet sind. Sein dürftig ausgestattetes Nest steht in einer kleinen Vertiefung zwischen Kieselsteinen, wo die schüttere Grasnarbe kaum Sichtschutz gewährt, oder es ist im Spülsaum zwischen allerlei Treibgut versteckt, das das Winterhochwasser hier angeschwemmt hat. Wenn der Sommer sich seinem Ende nähert, sieht man die Jungvögel, die in dem betreffenden Jahr erbrütet und aufgezogen werden konnten, zusammen mit ihren Eltern in kleinen Gruppen bei der Nahrungssuche. Obwohl der Flußuferläufer keine ausgesprochen gesellige Art ist, schließen sich diesen Familienverbänden oft weitere Tiere an, die sich bereits auf der langen Reise in die westafrikanischen Überwinterungsgebiete befinden und hier am Fluß eine kurze Rast einlegen, um sich für den Wegzug zu stärken. Wenn sie auf das jenseitige Ufer hinüberwechseln, fliegen sie mit charakteristischen flachen, zuckenden Flügelschlägen. Man hat dabei fast den Eindruck, als bewege sich der Vogel zu dicht über der Wasseroberfläche, so daß die Flügel nicht ganz durchgeschlagen werden können.

Das Brutgebiet des Flußuferläufers beschränkt sich in Großbritannien weitgehend auf den Norden und Westen; im englischen Tiefland gehört er zu den selteneren Brutvögeln. Genau umgekehrt verhält es sich mit dem Flußregenpfeifer, dem zweiten hier lebenden Watvogel, der seine Nahrung vom Erdboden absammelt. Er gilt auf den britischen Inseln als etwas Besonderes, denn er war dort vor dem zweiten Weltkrieg als Brutvogel völlig unbekannt und selbst auf dem Durchzug außerordentlich selten. Seit den vierziger Jahren hat er hier nicht nur Fuß fassen, sondern ganz Großbritannien nach und nach mit Erfolg besiedeln können. Flußregenpfeifer nisteten früher auf dem europäischen Festland in erster Linie auf den Kiesinseln und -uferstreifen der Flüsse, in Großbritannien besteht jedoch zwischen der heutigen Siedlungsdichte der Vögel und der Zahl der Kiesgruben, die während des Baubooms nach dem Krieg entstanden, ein deutlicher Zusammenhang. In der Bundesrepublik, wo es kaum noch unbegradigte Flüsse mit ungestörten Inseln gibt, findet inzwischen der weitaus größte Teil der Flußregenpfeiferbruten ebenfalls in Kiesgruben statt. Der Flußregenpfeifer ist eine Art des Binnenlands, die man nicht mit dem nahe verwandten, etwas größeren und kräftigeren Sandregenpfeifer verwechseln darf, der an der Meeresküste lebt. Die Natur mit ihrem einzigartigen Erfindungsreichtum läßt sich immer wieder neue Entwicklungen einfallen, um es uns Menschen nicht allzu einfach zu machen, und so ist auch der Sandregenpfeifer seit etwa 30 Jahren dazu übergegangen, seine Brutplätze ins Binnenland zu verlegen. Der Grund dafür ist vermutlich der große Freizeit- und Erholungsdruck, den der Mensch auf die Sand- und Schillstrände an der Küste ausübt, an denen die Vögel mit Vorliebe ihre Jungen großziehen. Vor allem in Nordengland und Schottland sind Binnenlandbruten des Sandregenpfeifers nichts Ungewöhnliches; hier findet man die Brutpaare oft in dem gleichen Lebensraum, den weiter im Süden der Flußregenpfeifer besetzt.

Seit einiger Zeit genießt noch ein weiterer Watvogel Heimatrecht an den flachen Uferpartien des Oberlaufs: der Austernfischer. Er ist unter den Limikolen der Küstenregion vermutlich der bekannteste, und ganz sicher kann man ihn am einfachsten erkennen. Das kontrastreiche, schwarzweiße Federkleid und der leuchtend orangerote Schnabel sind unverwechselbare Kennzeichen. Durch seine lauten Rufe und sein rastloses Wesen macht er noch zusätzlich auf sich aufmerksam. Der Austernfischer neigt seit Anfang unseres Jahrhunderts immer mehr dazu, im Binnenland zu brüten. Heute gibt es bereits Brutplätze an vielen nordenglischen Flüssen; in Schottland und auf den dazugehörigen Inseln hat er sich nahezu flächendeckend ausgebreitet. Da taucht also ein typischer Küstenbewohner, der vielen vom Meer her vertraut ist, an völlig ungewohnter Stelle am Oberlauf der Flüsse auf, lebt und nistet auf Äckern und hat sogar gelernt, zusammen mit den Lachmöwen hinter dem Pflug herzulaufen! Dabei muß er natürlich auf seine gewohnte, aus Weichtieren des Meeres bestehende Kost verzichten. Statt dessen stehen auf seinem Speisezettel im Sommer Schnakenlarven, Raupen und Regenwürmer.

Man sieht also, daß sich auf den hier beschriebenen flachen Uferabschnitten, deren Untergrund aus Kiesablagerungen besteht, eine ganze Reihe verschiedener, kleinflächig verteilter Lebensräume ausgebildet hat. Sie gehören zu den wertvollsten und artenreichsten Biotopen am Fluß. Abgesehen von den bereits erwähnten Arten werden sie von etlichen anderen Vögeln zu verschiedenen Jahreszeiten regelmäßig aufgesucht, dazu gehören die Stelzen, verschiedene Gänse und Enten, Wat- und Rabenvögel, Möwen, der Graureiher und samenverzehrende Finken (etwa der Stieglitz, der Bluthänfling und der Grünling). Sie alle lassen sich hier am Fluß ohne große Schwierigkeiten beobachten – viel bequemer geht es wirklich nicht, außer wenn man vom Küchenfenster aus im eigenen Garten beobachtet. Das liegt zum Teil daran, daß man an einem Fluß leicht herausfindet, wo die ergiebigsten Beobachtungsplätze sind, zum anderen verlassen viele Vögel, wenn man sich ihnen leise und vorsichtig nähert, den Fluß als solchen nur äußerst ungern. Selbst nach einer massiven Störung ist die Wahrscheinlichkeit groß, daß sie irgendwo in der Nähe wieder landen. Wenn man sich draußen halbwegs ruhig und umsichtig verhält, kann jeder Spaziergang am Fluß zu einem echten Erlebnis werden. Lediglich zwei Dinge sollte man sich dabei einprägen: Erstens sind für denjenigen, der Vögel im Gelände finden und bestimmen will, Vogelgesänge und -rufe mindestens ebenso wichtig wie die eigentlichen Sichtbeobachtungen, und zweitens bekommt man draußen am meisten zu sehen, wenn man sich, wie die Angler das tun, irgendwo am Ufer hinsetzt und Augen und Ohren offenhält.

Wir Menschen begegnen vielen Flußvögeln mit Bewunderung und Zuneigung, doch der Kormoran gehört zu den Arten, die sich durchaus nicht allgemeiner Beliebtheit erfreuen. Obwohl er mittlerweile ganzjährig gesetzlich geschützt ist, stand der Kormoran in England und Wales bis 1981 als einziger Wasservogel auf der offiziellen Liste der sogenannten Schädlinge. Der Grund für diese zweifelhafte Ehre waren die ausgedehnten Streifzüge ins Binnenland, die dieser Vogel unternimmt, um Fische zu fangen. Sie riefen bei den zahlreichen Freizeitanglern nicht gerade ungeteilte Begeisterung hervor.

Der Kormoran sucht zum Fischfang am liebsten Süßwasserseen und Flüsse auf. Im Gegensatz zur nahe verwandten Krähenscharbe, der er äußerlich ähnelt, die jedoch stärker ans Meer gebunden ist und niemals Süßwasserfische erbeutet, lebt der Kormoran an flachen Küstengewässern und Flußmündungen. Er ist in Großbritannien Jahres- beziehungsweise Strichvogel, denn nachdem die Brutsaison zu Ende ist, verlassen die Vögel den engeren Umkreis ihrer Kolonie und streifen ungerichtet umher. Die kleine Kormoranpopulation, die auf der anderen Seite der Nordsee auf der dänischen Halbinsel Jütland beziehungsweise an der Südküste der Ostsee lebt, zieht dagegen im Herbst in südwestlicher Richtung bis in die südliche Nordsee und an die Atlantikküste. Manche Vögel durchqueren auf dem Zug ganz Europa und überwintern am Mittelmeer.

Wenn die Vögel sich im Herbst und Winter von den Brutgebieten aus über das ganze Land verteilen, kann man sie an den Flüssen verhältnismäßig häufig antreffen. Vor mehr als 100 Jahren, als sie von Fischern und Anglern noch nicht verfolgt wurden, gab es eine ganze Anzahl von Binnenlandkolonien (in Osteuropa ist das noch heute so), aber mittlerweile befinden sich die Nistplätze fast nur noch in Küstennähe; im Hochland tauchen die Vögel daher hauptsächlich außerhalb der Brutzeit auf. Der Flügelschlag des Kormorans ist kraftvoll, der Flug ist geradlinig und äußerst charakteristisch. Das Flugbild wird wegen des lang ausgestreckten Halses und der fast rechtwinklig am Körper ansetzenden Flügel manchmal recht treffend als »kreuzförmig« bezeichnet.

Wo sich der Severn in vielen Windungen durch die Vorberge schlängelt, trifft man regelmäßig Kormorane beim Fischfang. Sie plündern dort auch die überreich mit Forellen besetzten Talsperren. Kormorane liegen beim Schwimmen tief im Wasser. Wenn sie während ihrer Unterwasserjagd zwischenzeitlich an die Oberfläche kommen, bleiben sie manchmal halb untergetaucht, oder es schauen sogar nur Kopf und Hals aus dem Wasser. Die Tiere machen auf den Betrachter einen deutlich reptilienhaften Eindruck. Sie wirken mitunter regelrecht gespenstisch und urtümlich, und auch die – vor allem im Wasser – schlangengleichen Bewegungen und Körperhaltungen passen dazu: Sie sind genau so, wie man sie sich bei einem Relikt aus grauer Vorzeit vorstellt.

An einer Stelle beschreibt der Flußlauf einen weiten Bogen und verläuft dann etwa 400 Meter weit geradeaus. Hier ragt eine hohe, mächtige Ulme in den Himmel, in die vor ungefähr 20 Jahren der Blitz eingeschlagen hat. Seitdem ist sie abgestorben und halb verbrannt – eigentlich nur noch ein ausgeblichenes Baumskelett. Im Laufe der Zeit hat die Ulme durch Sturm und Regen ihre Borke und all ihre Zweige und dünneren Äste eingebüßt. Übriggeblieben ist ein nacktes, hoch emporragendes Mahnmal, das dem Wind nur noch mit seinen vier bleichen Hauptästen Widerstand leistet. Auf diesem einsamen Riesen sammeln sich die Kormorane, um zu rasten. Das Federkleid der unheimlichen schwarzen Gesellen steht in auffallendem Kontrast zu dem fahlen Holz. Skulpturen gleich sitzen die Vögel schlank und hochaufgerichtet im kalten Wind – düster und unheilverkündend. Sobald sie gelandet sind, breiten sie ihre Flügel zum Trocknen aus, denn sie haben als einzige unter den Schwimmvögeln unter einem unverdienten Handicap zu leiden: Ihr Federkleid ist nicht völlig wasserabweisend.

Viele Flußvögel verbringen den größten Teil ihres Lebens tatsächlich im oder auf dem Wasser: Gänsesäger und Lappentaucher kommen nur höchst selten an Land, Reiher-, Tafel- und Schellenten halten sich nur kurzzeitig auf festem Boden auf, und Eisvogel, Wasseramsel und Bläßralle sind in der Lage, unzählige Male zu tauchen. Das Gefieder dieser Vögel ist so wirksam gegen Feuchtigkeit imprägniert, daß es dem menschlichen Beobachter oft schwerfällt, sich das richtig vorzustellen, vor allem, wenn man sich einmal vor Augen hält, daß der Körper eines Schwimmvogels ununterbrochen so gegen die Kälte isoliert sein muß, daß die Körpertemperatur von etwa 41 Grad Celsius aufrechterhalten werden kann – nachts fällt sie allerdings um etwa ein bis eineinhalb Grad ab.

Da versucht zum Beispiel eine Schellente an einem bitterkalten Januartag mitten im Fluß, zwischen dessen steilen Uferböschungen der böige Wind heult, durch angestrengtes Rudern gegen die Strömung ihre Position zu halten. Am Ufer hat sich ein fester Eisrand gebildet, und die Wasserpflanzen sind mit einem dicken Eismantel bedeckt. Stromaufwärts haben sich einzelne Eisschollen gelöst und treiben nun mit der Strömung zu Tal. Außerdem bläst ein schneidend kalter Nordwind. Befände sich hier jetzt ein Mensch im Wasser, hätte er nur eine Überlebenschance von wenigen Minuten, aber die Schellente, die lediglich zwei Pfund wiegt und deren Körper mit Federn im Gewicht von 90 oder vielleicht 120 Gramm umkleidet ist, taucht unbekümmert ein ums andere Mal bis auf den Grund hinab. Sie tut das jeden Tag und verbringt auch die Nächte auf dem Wasser, wobei sie die Hauptströmung meidet und sich in eine ruhigere Bucht zurückzieht.

Die Schellente muß sich wie alle Wasservögel tagtäglich geraume Zeit der Pflege ihres Gefieders widmen. Die Arten, die selten an Land gehen, erledigen auch das Gefiederputzen im Wasser. Dabei wird jede einzelne Schwungfeder vorsichtig durch den Schnabel gezogen, und auch die Konturfedern werden sorgfältig gesäubert und beknabbert. Der Putzvorgang ist eine temperamentvolle Angelegenheit: Die Vögel baden mit viel Geplansche und strecken, während sie jede einzelne Feder zurechtzupfen, häufig die Flügel. Um an das Bauchgefieder zu gelangen, legen sie sich weit auf die Seite, wobei man sie, wenn man gerade in einem solchen Moment hinschaut, oft kaum erkennen kann. Mit peinlicher Sorgfalt imprägnieren sie anschließend ihre Federn mit dem ölhaltigen Sekret ihrer Bürzeldrüse. Diese Flüssigkeit macht das Federkleid wasserundurchlässig

Die seltsamen, unheimlich anmutenden Kormorane haben sich einen alten, abgestorbenen Baum als Ruheplatz ausgesucht.

und sorgt damit gleichzeitig für den lebenswichtigen Kälteschutz. Unbewegte Luft ist ein schlechter Wärmeleiter, und die äußeren Konturfedern des Vogels verhindern die Gefahr des Wärmeverlustes, indem sie dafür sorgen, daß die unbewegte warme Luftschicht, die sich zwischen den Dunen, also direkt am Körper befindet, nicht entweichen kann. Damit Wind und Wellen dieses Wärmedämmungssystem nicht beschädigen, besitzen die Konturfedern ein System aus feinen Haken- und Bogenstrahlen, das die einzelnen Federn elastisch miteinander verbindet. Beim Tauchen werden die Konturfedern durch Wasserdruck eng an den Körper gepreßt, so daß sich die Wirksamkeit des Ganzen sogar noch erhöht.

Aus der interessanten Gruppe der Säger leben zwei Arten, der Gänse- und der Mittelsäger, an den oberen Abschnitten der Flüsse. Beide sind Fischfresser und gehören in die große Familie der Entenvögel. Kennzeichnend für sie sind der langgestreckte, torpedoförmige Körper und der verhältnismäßig lange Hals, sie sind also für die Unterwasserjagd bestens ausgerüstet. Der Name »Säger« bezieht sich auf die mit rückwärts gerichteten Sägezähnchen besetzten Schnabelrandleisten, mit deren Hilfe die Vögel ihre schlüpfrigen Beutetiere leichter festhalten können. Die Säger sind von allen Entenvögeln als einzige in der Lage, schnell schwimmende Fische unter Wasser zu verfolgen.

Der ursprüngliche Lebensraum des Mittelsägers sind der Unterlauf und der Brackwasserbereich der Flüsse. In Schottland und Nordengland ist er in Küstennähe überall eine bekannte und häufige Erscheinung. In neuerer Zeit hat er sein Verbreitungsgebiet nach Süden ausgedehnt und dabei bereits Wales erreicht, wo er interessanterweise recht bald auch das Binnenland besiedelte. Mittlerweile ist er am Oberlauf einiger größerer Flüsse ebenso zu Hause wie der Gänsesäger, mit dem er oft in direkter Nachbarschaft lebt. Auf dem europäischen Festland liegt der Verbreitungsschwerpunkt des Mittelsägers in Skandinavien, südlich der Ostsee brütet er bereits merklich seltener.

Die äußere Erscheinung des Mittelsägers macht nach menschlichen Maßstäben einen ungepflegten, schlaksigen Eindruck, der durch die ausgefranste, zweizipflige Haube und die unheimlichen blutroten Augen übertrieben deutlich akzentuiert wird. Die Jungtiere tun sich im Sommer häufig zu eigenen Verbänden zusammen, die von einem oder zwei Altvögeln, den sogenannten »Kindermädchen«, betreut werden. Gruppen von 30 oder 50 halbwüchsigen Jungvögeln sind in dieser Zeit nichts Ungewöhnliches. Diejenigen Mittelsäger, die an den Flüssen zu Hause sind, sind äußerst scheu und schwer zu beobachten. Im Gegensatz zur Stock- und zur Krickente, die sich bei Annäherung oft am Ufer verstecken, bis sie irgendwann die Nerven verlieren und auffliegen, suchen die Mittelsäger schon bei der allerkleinsten Störung ihr Heil in der Flucht.

Der etwas größere und schwerere Gänsesäger ist seit eh und je ein charakteristischer Vogel der oberen Flußabschnitte, er ist unter den Sägern so etwas wie der Süßwasserspezialist. Flüsse und Bäche mit starkem Pflanzenbewuchs meidet er; sein bevorzugtes Jagdrevier sind klare, kalte Flüsse mit reichem Fischbesatz. Gänsesäger sind außergewöhnlich hübsche Vögel. Die Männchen wirken aus größerer Entfernung fast vollständig weiß, in Wahrheit sind sie jedoch schwarz und weiß gezeichnet, der abgerundete Kopf ist dunkelgrün und der lange, schmale Schnabel leuchtend rot. Brust und Bauch sind auf weißem Grund zart rötlich überhaucht, doch diese Tönung ist nur bei optimalen Lichtverhältnissen erkennbar. Das weibliche Tier, das dem Mittelsägerweibchen sehr ähnelt, besitzt einen kastanienbraunen, mit einer Federhaube versehenen Kopf. Zur sicheren Unterscheidung muß man auf die Zeichnung der Kinn- und Halsregion achten: Beim Weibchen des Gänsesägers sind die weiße Kehle, das braune Halsband und die weiße Brust scharf voneinander abgegrenzt, beim Mittelsägerweibchen geht das Weiß der Kehle in das Weiß der Brust über.

Der Gänsesäger gehört zusammen mit einigen weiteren Entenarten, nämlich der Schellente, der Mandarinente und gelegentlich sogar der Stockente, zu den Höhlenbrütern. Folglich ist er innerhalb der Brutsaison nur dort anzutreffen, wo alte Uferbäume mit genügend großen Höhlen zur Verfügung stehen. Diese Nisthöhlen werden, wenn sie sich als brauchbar erwiesen haben, regelmäßig benutzt, und zwar selbst dann, wenn sie sich mehrere Meter hoch über dem Boden befinden. Im Nordosten Englands und in Wales hat man den Vögeln Nistkästen angeboten, die bereitwillig angenommen wurden. Sind keine geeigneten Bäume vorhanden, begnügen sich die Säger manchmal mit einer windgeschützten Mulde zwischen Steinblöcken oder Felsen, und in Skandinavien beziehen sie sogar auf Dachböden von Häusern Quartier, vorausgesetzt, sie finden unter den Dachtraufen ein passendes Einflugloch!

Der Severn ist einer der Flüsse, deren Gänsesägerbestand sich in den vergangenen Jahren gut entwickelt hat. Hier jagen sie im klaren Wasser mit Hilfe ihres Gesichtssinns Forellen, junge Lachse, Groppen und andere Fische, die sie entweder schwimmend mit eingetauchtem Kopf und Hals in eine seichte Bucht treiben oder – in tieferem Wasser – tauchend verfolgen, wobei sie sich mit kräftigen Schwimmstößen der Füße vorwärtsbewegen.

Der Gänsesäger fängt seine schuppigen Beutetiere nicht immer im freien Wasser, vielmehr benutzt er seinen langen, zugespitzten Schnabel oft und gern auch dazu, am Grund des Gewässers unter Steine zu stoßen, um Fische, die sich darunter verstecken, herauszutreiben. Häufig jagen beide Partner auch gemeinsam oder zusammen mit weiteren Tieren in kleinen Verbänden. Sie bilden dabei regelrechte Ketten, spähen mit eingetauchtem Kopf unter Wasser nach Fischen und treiben sie dann gemeinsam vor sich her.

Nicht weit vom Severn, direkt an dem schmalen Pfad, der am Ufer entlangführt, hängt am Seitenast einer hohen Eiche ein Nistkasten, der ursprünglich für den Waldkauz bestimmt war. Jetzt haben die Gänsesäger den Kasten mit Beschlag belegt und benutzen ihn Jahr für Jahr. Ihre acht bis zehn winzigkleinen Küken, die alle am gleichen Tag zur Welt kommen, drängen bereits wenige Stunden nach dem Schlüpfen ins Freie. Die noch schwachen Füßchen weit vorgestreckt und mit ausgebreiteten, allerdings gänzlich nutzlosen, unbefiederten Flügelchen lassen sie sich viereinhalb Meter tief auf den harten Fußweg fallen, ohne daß ihnen dabei irgendetwas geschieht. Ganz in der Nähe nistet jedes Jahr im Juni ein anderes Gänsesägerpaar am Fuß der Staumauer der großen Talsperre von Clywedog. Das weibliche Tier bringt regelmäßig das Kunststück fertig, ihre gesamte Brut in eine Falle zu locken. Wenn sie die halbausgewachsenen Jungvögel flußaufwärts zur Talsperre führt, endet das Unternehmen unweigerlich damit, daß diese zwischen die senkrechten Betonwände des Hochwasser-Überlaufbeckens geraten, wo sie hoffnungslos in der Klemme sitzen. In manchen Jahren fielen die Jungen fast den Rabenkrähen zum Opfer, während die Mutter immer wieder versuchte, sie über die glatte Wand nach oben ins tiefe, fischreiche Wasser der Talsperre zu führen. Glücklicherweise lassen die tierfreundlichen Mitarbeiter der

Schellenten fühlen sich dank ihres wasserdichten, wärmedämmenden Federkleids selbst in eiskaltem Wasser wohl.

Severn-Trent Water Authority, die die Anlage betreuen, das Wasser im Überlaufbecken jedesmal gewissenhaft ab, verfolgen die unglaublich flinken Gänsesägerküken auf dem schlüpfrigen Betonboden, fangen sie und befördern sie nach oben in die Talsperre, wo sie in Sicherheit sind.

Tiere, die gleichermaßen über und unter Wasser zu Hause sind, müssen, um unter Wasser jagen zu können, über bestimmte körperliche Anpassungen verfügen, denn im feuchten Element ergeben sich ganz spezielle Probleme: Wie kommt man beispielsweise unter Wasser am schnellsten vorwärts? Wie funktioniert die visuelle Orientierung und wie überwindet man den Auftrieb? Was versetzt Vögel wie den Gänsesäger oder die Taucher in die Lage, flinke, wendige Beutetiere wie etwa eine Forelle oder einen Junglachs zu erkennen und die Entfernung richtig einzuschätzen, während sie selbst suchend und spähend umherschwimmen? Der Gänsesäger löst dieses Problem, indem er den Kopf eintaucht und in regelmäßigen Abständen ruckartig nach vorn stößt: Bei jedem Schwimmstoß streckt er gleichzeitig den Hals; wenn er die Füße anschließend wieder nach vorn zieht, wird der Hals dementsprechend jedesmal wieder eingezogen. Der Vogel erreicht damit, daß sich seine Augen in Relation zum Flußbett und zu anderen ortsfesten dreidimensionalen Objekten jeweils für ganz kurze Zeit in einer fixierten Position befinden. Täte er das nicht, würde er beim Schwimmen seine Umgebung nur schemenhaft wahrnehmen. Sobald er jedoch ein Beutetier lokalisiert und die Verfolgung aufgenommen hat, wird dieses ausgeklügelte Verfahren sofort aufgegeben. Jetzt kommt es nicht länger auf gute Sicht, sondern einzig und allein auf Schnelligkeit an. Der Säger streckt seinen Hals weit vor und macht sich lang und schlank wie ein Torpedo. Diese Stromlinienform erhöht die Chance, daß er den betreffenden Fisch erwischt, beträchtlich.

Die Nickhaut, auch »drittes Augenlid« genannt, ist für die Vögel besonders bedeutsam; bei den Tauchvögeln erfüllt sie ganz spezielle Schutzfunktionen. Sie liegt unterhalb des Ober- und Unterlids und fährt von vorn nach hinten waagerecht über den Augapfel. Obwohl die geschlossene Nickhaut das Auge vor dem Wasserdruck schützt, besteht ein möglicher Nachteil darin, daß sie die Sicht unter Wasser beeinträchtigen kann. Doch dieses Problem ist beim Gänsesäger und vielen anderen Tauchvögeln verblüffend einfach gelöst: Die Nickhaut besitzt in der Mitte ein durchsichtiges Fenster, das wie eine Linse die Lichtstrahlen bricht. Die Brechkraft dieses Nickhauteinsatzes ist als Anpassung an das Sehen im Wasser sehr hoch. Sie ist bei einigen Wasservögeln um 40 bis 50 Dioptrien veränderbar und gleicht damit die Brechkraft der verdeckten eigentlichen Hornhaut aus.

Auch die Fortbewegung unter Wasser erfordert besondere Anpassungen: Die Fähigkeit der Wasseramsel, auf dem Grund des Gewässers zu laufen, ist eine davon. Sie wurde bereits zu Beginn des Kapitels beschrieben. Tauchenten, zum Beispiel die oben erwähnten Reiher-, Tafel- und Schellenten, besitzen an der Hinterzehe einen kleinen, abgeflachten Lappen, der den Schwimm- oder Gründelenten, etwa der allbekannten Stockente, fehlt. Er dient der Feinabstimmung der Steuerbewegungen.

Die Tauchvögel, die wir an Flüssen antreffen können, sind fast alle reine Fußtaucher. Manche Seevögel wie die Pinguine und Alken tauchen dagegen mit Hilfe ihrer Flügel. Läufe und Füße sind daher bei den Fußtauchern durchweg kräftig ausgebildet, die Füße sind darüber hinaus mit Schwimmhäuten versehen. Die Lappentaucher, aber auch die Bläßralle, besitzen statt der Schwimmhäute breite Schwimmlappen an den Zehen, die ganz ähnlich funktionieren: Sie bilden eine große Oberfläche, die es den Vögeln ermöglicht, sich durch Schwimmstöße rudernd vorwärtszubewegen. Bei der Bläßralle, die sich als einzige heimische Ralle tauchend ernährt, sind Becken und Läufe, anders als bei den verwandten Arten, eigens an das Tauchen angepaßt. Das Becken ist verbreitert, und die Beine sind weiter nach hinten versetzt.

Viele Arten ändern unter Wasser die Richtung nach dem Ruderbootprinzip, also durch Schwimmbewegungen mit jeweils einem Fuß. Besonders schnelle und wendige Taucher wie etwa der Kormoran können auch mit ihrem langen, kräftigen Schwanz Steuerbewegungen ausführen.

Viele Vogelarten sind in Mitteleuropa in ähnlicher Umgebung zu finden wie in Großbritannien. Dies gilt vor allem für die Wasseramsel und die Gebirgsstelze mit ihren speziellen Ansprüchen an den Lebensraum. Beide Arten sind im Flachland, wo es keine schnellfließenden Bergbäche gibt, selten oder fehlen dort sogar ganz.

Die meisten Singvögel sind eigentlich Bewohner des Waldes oder halboffener Landschaften mit Buschwerk und Wiesen. Sie sind auf dem Festland, anders als auf den britischen Inseln, vielfach nicht an die Flüsse gebunden, da geeignete Lebensräume auch anderswo zur Verfügung

Der Mittelsäger ist etwas kleiner als sein Vetter. Er legt sein Nest im dichten Heidekraut oder zwischen Felsbrocken an.

stehen. So sind beispielsweise der Trauerschnäpper, Fitis und Waldlaubsänger, Rotkehlchen, Baumpieper, Garten- und Mönchsgrasmücke, Kleiber, Star sowie Kohl-, Blau- und Sumpfmeise in der Bundesrepublik durchweg häufig. Der Gartenrotschwanz hat gebietsweise stark abgenommen, da er oft wenig geeignete Brutplätze findet. Er bezieht zwar auch Nistkästen, kann sich dort aber oft nicht gegen andere, konkurrierende Arten durchsetzen. Von den erwähnten Finkenvögeln sind der Stieglitz, der Bluthänfling und der Grünling in Deutschland weit verbreitet. Der Grünling ist einer der häufigsten Vögel überhaupt; er fehlt selbst mitten in der Stadt nicht, sofern es wenigstens einige Bäume oder Büsche gibt, in denen er sein Nest bauen kann. Der Erlenzeisig brütet – weit weniger zahlreich – in Nadelwäldern. Die Vögel suchen im Winterhalbjahr gern Erlen auf, um die Samen aus den verholzten Zapfen zu klauben. Da Erlen in der Regel am Wasser wachsen, ist der Erlenzeisig, zumindest während der kalten Jahreszeit, auch in Deutschland häufig an Flußufern zu finden, und zwar auch in Gebieten, in denen er nicht brütet.

Das Verbreitungszentrum des Birkenzeisigs liegt in Skandinavien; die Vögel, die dort zu Hause sind, erscheinen in Deutschland ziemlich regelmäßig als Wintergäste. Birkenzeisige brüten jedoch auch in den Alpen und lokal in den höheren Mittelgebirgen. Die Goldammer bewohnt vor allem offenere Landschaften. Sie brütet in Feldgehölzen, an Waldrändern oder auch an Grabenböschungen. Größere, geschlossene Wälder meidet sie. Ähnliche Anforderungen stellt die Dorngrasmücke an ihren Lebensraum, sie ist jedoch weniger häufig und zeigt neuerdings Abnahmetendenzen. Das farbenprächtige Schwarzkehlchen bewohnt in Deutschland Moor- und Heidegebiete, aber auch Ödland und extensiv genutzte Flächen. Da diese Gebiete mehr und mehr zurückgehen, ist auch das Schwarzkehlchen recht selten geworden.

Die Familie der Baumläufer ist in Mitteleuropa mit zwei Arten vertreten. Neben dem Waldbaumläufer sieht man, vor allem in Gärten und Parks, recht häufig den Gartenbaumläufer, der in Großbritannien nicht vorkommt. Die beiden sehen sich zum Verwechseln ähnlich und sind daher nur am Gesang sicher zu unterscheiden.

Unter den Spechten ist der Buntspecht, ähnlich wie auf den britischen Inseln, mit Abstand der häufigste. Man kann den »Zimmermann des Waldes« regelmäßig auch in Stadtparks oder auf Friedhöfen mit altem Baumbestand beobachten. Auch der Waldkauz, dem man ebenfalls noch verhältnismäßig häufig begegnet, nistet gelegentlich in der Stadt, und zwar in natürlichen Baumhöhlen oder in eigens für ihn aufgehängten Nistkästen mit extra großem Einflugloch (Durchmesser 13 cm).

Der Mittelsäger (dessen deutscher Name besagt, daß er kleiner als der Gänsesäger, aber größer als der in Mitteleuropa nur als Wintergast erscheinende Zwergsäger ist), brütet vor allem in Küstennähe in Schleswig-Holstein und Niedersachsen, in kleinerer Zahl auch südlich bis an den Rand der Mittelgebirge. Im mittleren und südlichen Deutschland kann man ihn mitunter auf dem Durchzug zu Gesicht bekommen. Die Waldschnepfe bewohnt in der Bundesrepublik vor allem reich gegliederte, vorzugsweise feuchte Wälder. Da die Vögel dämmerungsaktiv und schwer zu beobachten sind, weiß man nicht ganz genau, wie viele Brutpaare es heute noch gibt; man rechnet allerdings damit, daß die Bestände gegenüber früher, zum Beispiel infolge der Intensivierung des Waldbaus und durch Entwässerungsmaßnahmen, stark abgenommen haben.

Mittel- und Unterlauf

Seite 58/59:
Selbst im Winter beherbergt der Fluß mit seinen Wiesen ein überaus reiches Vogelleben.

Inzwischen hat sich die Fließgeschwindigkeit des Wassers deutlich verlangsamt. Auf seiner ganzen Länge wird der Fluß nie wieder mit der gleichen Kraft und Schnelligkeit zu Tal schießen wie im Hügelland. Er ist breiter und behäbiger geworden, und seine ungebändigte Wildheit hat einer geregelten, ruhigeren Gangart Platz gemacht. Auch seine Farbe hat sich verändert, denn mittlerweile hat er mehrere mit feinen Schwebstoffen beladene Nebenflüsse aufgenommen. Diese kostbare, nährstoffreiche Fracht aus kleinen Bodenteilchen transportiert er nun stromabwärts, um sie auf den Wiesen und Feldern des Tieflands und selbst weit entfernt im Mündungsbereich abzulagern.

Verschwunden ist auch das tief in den Gesteinsuntergrund eingegrabene, V-förmige Kerbtal. Die dunkelbraunen Wassermassen wälzen sich statt dessen in weiten, geschwungenen Mäandern durch das flache Land. (Solche mäandrierenden Abschnitte ließen sich, wenn auch nur kleinräumig, hie und da bereits am Oberlauf beobachten.) Die Eichen- und Eschenwälder am Fluß, die adlerfarnbewachsenen Böschungen und kleinparzelligen Schafkoppeln sind in dieser ganz anderen, ebenen, fruchtbaren Landschaft völlig unbekannt. Den größten Teil der Bodenfläche nehmen hier intensiv bewirtschaftete, weitläufig angelegte Felder ein, die sich zu beiden Seiten des Flußlaufs erstrecken. Der alluviale, das heißt, einst vom Fluß selbst abgelagerte, Auenboden ist allerbestes Ackerland. Am Ufer und zwischen den einzelnen Schlägen wachsen hohe Weiden. Sie gedeihen vorzugsweise an nassen Standorten, wo sich ihre Wurzeln dauernd im Bereich des Fluß- oder des Grundwassers befinden. Wasseramsel, Gebirgsstelze, Gänsesäger oder Flußuferläufer sucht man hier an den breiten, langsamer fließenden Abschnitten vergebens, typisch für diesen Lebensraum sind dagegen die Uferschwalbe, die Rohrammer, Schilfrohrsänger und Teichralle.

All diese landschaftlichen Veränderungen lassen sich am Severn sehr gut beobachten. Nachdem er das reich gegliederte walisische Hügelland verlassen hat, nimmt er an der walisisch-englischen Grenze einen Nebenfluß, den Vyrnwy, in sich auf. Zu beiden Seiten des Flusses erstreckt sich nun auf etwa zwei Kilometer Länge eine vollkommen flache Ebene. Vor tausenden von Jahren, nachdem die eiszeitlichen Gletscher abgetaut waren, befand sich an dieser Stelle ein riesengroßer See, der von den beiden Bergflüssen gespeist wurde. Er ist inzwischen längst verlandet und von neueren Auelehmschichten überlagert worden. Im Laufe der Zeit hat sich der Boden verfestigt. Heute liegt dieser ländlich strukturierte, vergessene Winkel, durch den sich die beiden Flüsse in vielen Windungen träge dahinwälzen, weitab vom Getriebe. Hier ist ein charakteristisches Stück der alten, freundlich-behäbigen englischen Landschaft erhalten geblieben, das andernorts längst der Vergangenheit angehört. Und der Fluß selbst sorgt dafür, daß sich hier nichts verändert. Das Land liegt so tief, und die Wassermenge, die sich nach der Schneeschmelze in die Ebene ergießt, ist so groß, daß es keinen Sinn hätte, das gesamte Gebiet trockenzulegen. Wollte man das Wasser durch entsprechende Ausbaumaßnahmen im eigentlichen Flußbett belassen, würde sich das Hochwasserproblem weiter flußabwärts umso gravierender auswirken. Also bleibt der gesamte Einmündungsbereich des Vyrnwy auch weiterhin als Überschwemmungs- und Hochwasserrückhaltegebiet erhalten. Im Winter kann der Fluß ungehindert über seine Ufer treten. Die Wassermassen verteilen sich und fließen später nach und nach ab. Das Resultat ist ein

Am Rand der überfluteten Wiesen ist der Tisch für die Hohltauben reich gedeckt.

Der ursprünglich auf dem europäischen Festland beheimatete Steinkauz wurde in Großbritannien im 19. Jahrhundert von Menschen angesiedelt. Heute zählt er bereits zu den fest etablierten Vogelarten.

ausgeglichener Wasserstand in den unteren Flußabschnitten. Wie eh und je wird die Ebene von einem Mosaik aus unregelmäßig verteilten Wiesen, alten, ungehindert wachsenden Heckenzeilen und uralten Einzelbäumen, meist Eichen und Ulmen, eingenommen. Da es in und auf diesen Baumveteranen Nistplätze in Hülle und Fülle gibt, ist das Gebiet ein Eldorado für Schleiereulen, Turmfalken, Hohltauben und andere Vögel. Die überall selten gewordene Hohltaube ist hier noch besonders zahlreich vertreten, obwohl man sie unter den vielen durchweg häufigen Ringeltauben leicht übersieht. Das Federkleid der Hohltaube ist wunderschön gefärbt: Die Grundfarbe ist ein Blaugrau, das dunkler ist als bei der Ringeltaube; die Brustpartie ist leuchtend weinrot getönt, und an beiden Seiten des Halses erkennt man eine grün schillernde, irisierende Fleckenzeichnung. Die Vögel stellen sich zur Nahrungssuche gern dort ein, wo das Hochwasser soeben wieder abgelaufen ist. Hier finden sie vom Wasser freigespülte Sämereien oder junge, frische Kleeblätter, die sie besonders mögen.

Auch eine kleine Eule ist im Überschwemmungsgebiet zu Hause: der Steinkauz. Die Vögel nisten in Baumhöhlen, die in den alten Bäumen reichlich vorhanden sind. In der Abenddämmerung und während der frühen Morgenstunden fangen sie an den Hecken Käfer, Kleinvögel, kleine Säuger und andere Beutetiere. Wenn der Fluß über die Ufer tritt und Insekten, Mäuse und Landvögel sich an den etwas erhöht liegenden Grabenrändern konzentrieren, haben es die kleinen Jäger besonders leicht.

In den Wiesen gibt es vielerorts feuchte Bodensenken, deren Ränder mit Kopfweiden oder uralten, höheren Bäumen bestanden sind, die sich mittlerweile in allen Stadien des Zerfalls befinden, nachdem sie durch Stürme verletzt wurden oder durch das Gewicht der eigenen dicken Äste geborsten sind. An anderen Stellen erkennt man, sobald ein ergiebiger Regenfall niedergeht, seichte Rinnen, die sich immer zuerst mit Wasser füllen. Wie auf einer Reliefkarte wird dann das verzweigte Netz der alten Flußschlingen und ehemaligen Flußmarschen sichtbar. In den künstlich angelegten Gräben und Kanälen, die ebenfalls kreuz und quer über den Boden des

Singschwan
Höckerschwan-
männchen fliegend
und in
Drohstellung
Weibchen des
Höcker-
schwans
unausgefärb-
ter Höcker-
schwan
Singschwan
und
Zwergschwan
Jungschwäne:
oben Höckerschwan
unten Singschwan

früheren Sees verlaufen, wachsen Seebinsen, Schilf, Wasserschwaden und verschiedene Laichkräuter – alles Wasserpflanzen, die noch heute daran erinnern, daß es sich hier um einen ehemaligen aquatischen Lebensraum handelt. In manchen dieser Senken wachsen Korbweiden, in denen im Sommer die lautstark rufenden Schilfrohrsänger ihre Nester anlegen, die aber auch den Rohrammern als Singwarten dienen.

Im Winter bilden die Feuchtwiesen, Rinnen und Tümpel einen Anziehungspunkt für eine ganze Reihe von Schwimmvögeln, die hier Pflanzennahrung in Fülle und daneben sichere Ruheplätze vorfinden. Wenn man Glück hat, kann man hier alle drei europäischen Schwäne an ein und demselben Fleck beobachten: den Zwerg-, den Sing- und den Höckerschwan. Die Höckerschwäne haben es in West- und Mitteleuropa nicht nötig, in den Süden zu ziehen, denn ihre Nahrungsgründe bleiben im allgemeinen ganzjährig eisfrei. Sie brüten auf Inseln im Fluß sowie an den schilfbewachsenen ehemaligen Flußarmen. Die jungen Schwäne schlüpfen im Juni, und von da an dauert es vier ganze Monate, bis sie vollständig flügge sind. Wenn sie aber erst einmal fliegen können, also im Spätherbst und zu Beginn des Winters, sammeln sich meist alle Höckerschwäne dieser Gegend auf den Wiesen im Überschwemmungsbereich. Dort bleiben sie und halten mehr oder weniger fest zusammen, bis die Altvögel in den Monaten März und April erneut zu ihren Brutplätzen abwandern. Der 30 oder mehr Köpfe zählende Winterverband verbringt den größten Teil der Zeit mit Grasen, und zwar entweder auf den Wiesen selbst oder im Wintergetreide. So kommen die Höckerschwäne, jahreszeitlich bedingt, in den Genuß einer Abwechslung auf ihrem Speisezettel. Im Sommer leben sie hauptsächlich von Wasserpflanzen, die in der warmen Jahreszeit, die sie ja auf dem Wasser verbringen, offensichtlich am leichtesten erreichbar sind.

Die Zwergschwäne berühren unsere Gegend auf dem Durchzug zu den Winterquartieren in Irland, und manchmal halten sich die Tiere hier auch längere Zeit auf. Sie sind die Langstreckenzieher unter den europäischen Schwänen, denn ihre Brutgebiete liegen in der sibirischen Tundra östlich des Taimyr-Flusses. Den Winter verbringen sie in Nordwesteuropa, wo es immer eisfreie Gewässer gibt, und zwar vor allem in Großbritannien, Holland und Dänemark, zum kleineren Teil auch in der Bundesrepublik. Brut und Aufzucht der Jungen müssen beim Zwergschwan zügig und zielstrebig vonstattten gehen. Junge Zwergschwäne können sich den Luxus, vier Monate lang fliegen zu lernen, nicht leisten. Die Brutsaison dieses Tundrabewohners beginnt, bevor die sommerliche Tauwetterperiode überhaupt richtig eingesetzt hat, und der gesamte Brutzyklus von der Eiablage bis zum Flüggewerden der Jungen muß innerhalb von 130 Tagen abgeschlossen sein. Die Bebrütungsdauer des Geleges differiert im Vergleich zum Höckerschwan um eine ganze Woche, und um fliegen zu lernen benötigen die kleinen Zwergschwäne nicht mehr als 45 Tage – rund ein Drittel der Zeit, die dem Nachwuchs der Höckerschwäne zur Verfügung steht! Bis spätestens Anfang Oktober haben die Zwergschwäne die Brutplätze wieder verlassen und ziehen etappenweise und von häufigen Pausen unterbrochen ins klimatisch relativ milde Westeuropa. Unter den rauhen Umweltbedingungen des hohen Nordens ist die Brut für die Vögel immer mit großen Risiken verbunden, auch wenn der kurze arktische Sommer eine Fülle von Nahrung bietet.

Oft bleibt der Bruterfolg äußerst gering, und in manchen Jahren gelingt es den Vögeln überhaupt nicht, Jungvögel zu erbrüten. Zwergschwanpaare halten ein Leben lang zusammen, und die Altvögel leben mit ihren Jungen den ganzen Winter über im Familienverband. Wenn man im Herbst darauf achtet, wie viele Jungvögel die einzelnen Paare begleiten, kann man also den wechselnden Bruterfolg des jeweiligen Sommers leicht einschätzen. Viele Paare treffen ganz ohne Nachwuchs bei uns ein, aber Zwergschwäne erreichen ein hohes Alter, und statistisch gesehen muß ein Brutpaar während seines Lebens nur zwei Jungtiere erfolgreich großziehen, damit der Gesamtbestand erhalten bleibt.

Die Ankunft der wilden Schwäne ist ein aufregendes Naturschauspiel – sofern man das Glück hat, diesen spannenden Moment mitzuerleben, der auch für die Tiere selbst eine besondere Situation darstellt. An einem kühlen, wolkenverhangenen Tag Ende Oktober stand ich einmal an einem der alten Flußarme und sah vier Zwergschwäne aus östlicher Richtung genau auf mich zufliegen. Als sie in elegantem Bogen zur Landung ansetzten, zeichneten sich die schneeweißen Vögel vor dem dunklen Himmel und den unbelaubten Bäumen deutlich ab. Man merkte, daß sie ihr Ziel genau kannten und daß ihnen die Umgebung gut vertraut war. Ohne auch nur einen Moment innezuhalten, rauschten sie nebeneinander in fast perfektem Formationsflug knapp über die Baumreihe hinweg geradewegs aufs Wasser zu. Die Beine vorgestreckt, die Zehen mit den

Auf den Wiesen im Überschwemmungsbereich kann man zeitweise alle drei europäischen Schwäne gleichzeitig beobachten.

Schwimmhäuten weit gespreizt, die Flügel wie Landeklappen geöffnet und mit dem lang ausgestreckten Hals das Gleichgewicht haltend, gingen sie auf dem Wasser nieder, glitten noch ein Stück weit in aufrechter, majestätischer Haltung über die Oberfläche, bis das präzise Bremsmanöver abgeschlossen war und die Schwäne die normale Schwimmhaltung einnehmen konnten. Wie lang die letzte Teilstrecke gewesen war, die sie an jenem Tag zurückgelegt hatten, wußten natürlich nur sie allein, aber offensichtlich waren sie stolz auf ihre Leistung. Sie hatten gewußt, wohin die Reise gehen sollte, und jetzt hatten sie es geschafft. Triumphierend hoben sie die Köpfe und riefen, um anschließend durch Flügelschlagen, Kopfschütteln, Reck- und Putzbewegungen und kurze Verfolgungsjagden ihre Anwesenheit vor jedermanns Augen kundzutun. Dieses Verhalten sollte wohl allem Anschein nach etwas ausdrücken, das wir Menschen als Abbau innerer Anspannung bezeichnen würden. Doch innerhalb einer Minute zeigten sie bereits wieder ihre gewohnte gelassene, würdevolle Haltung, glätteten sanft ihre zerzausten Federn und begannen im flachen Wasser Nahrung aufzunehmen.

Die Singschwäne haben, wenn sie hier eintreffen, eine ganz ähnliche, allerdings viel kürzere Reise hinter sich. Sie kommen aus nordwestlicher Richtung über den Nordatlantik, denn ihre Brutgebiete liegen in Island. Sie ernähren sich ebenfalls vegetarisch. Gründelnd erreichen sie die Stengel und Wurzeln von Wasserpflanzen wie zum Beispiel Laichkräutern, Wasser-Hahnenfuß, Schilf und Tannenwedel. (Der deutsche Name ist irreführend; es handelt sich hier um eine Wasserpflanze, die in der Abbildung S. 79 im Vordergrund zu erkennen ist.) In neuerer Zeit sind sie mehr und mehr dazu übergegangen, auf Äckern zu grasen, wo sie Wintergetreide, Stoppeln, liegengebliebene Kartoffeln und andere Pflanzenwurzeln aufnehmen. Manchmal bleiben einzelne überwinternde Singschwäne das ganze Jahr in Großbritannien. Vielleicht handelt es sich dabei um Vögel, die durch Schüsse oder auf andere Weise verletzt sind. Inzwischen liegen auch Meldungen über verschiedene Brutversuche vor, vor allem aus Schottland.

Auch für Wildgänse ist die feuchte Niederung von Bedeutung, sie kommen jedoch nicht alljährlich und stets in geringer Zahl. Ihr Erscheinen hängt sowohl von den Witterungsbedingungen als auch vom Wasserstand ab. Am regelmäßigsten trifft man hier Grau-, Kurzschnabel- und Bläßgänse an. Manchmal stellen sich solche kleineren Gänsetrupps ganz unerwartet zu kurzer Rast ein. Wachsam und mißtrauisch wie sie sind, äsen sie nur auf sehr großen Freiflächen, wo sie rundum freie Sicht haben, und sind in der Regel bald wieder verschwunden.

Für die kleineren Schwimm- oder Gründelenten sind die Überschwemmungsflächen schlechthin ideal, vor allem Pfeif-, Krick- und Stockenten kann man daher während des ganzen Winterhalbjahres beobachten. Diese auf engem Raum konzentrierten Vögel ziehen ihrerseits Greifvögel an: Wanderfalken verbringen hier den Winter und terrorisieren die Enten- und Watvogelverbände, Merline und Sperber verfolgen die Singvögel von Finken- bis Drosselgröße, und hin und wieder läßt sich über dem Röhricht und an den breiten Grabenböschungen eine jagende Kornweihe sehen. Im Laufe eines Winters rasten in diesem Gebiet mehr als zwanzig Schwimmvogelarten, außerdem neun oder zehn verschiedene Watvögel und diverse andere.

Als im Januar 1984 ganz Schottland und Nordengland unter einer hohen Schneedecke lagen, flüchteten Tausende und Abertausende von Wacholderdrosseln, Rotdrosseln und Kiebitzen vor der Kälte im Norden und sammelten sich hier im Severn-Tiefland, wo sie in den frostfrei gebliebenen Feuchtwiesen noch Nahrung fanden.

Überschwemmungsflächen wie diese sind für die Vögel äußerst wichtige Überwinterungsgebiete, doch seit dem Zweiten Weltkrieg sind unzählige solcher Flächen durch Trockenlegung verlorengegangen. Der Grund dafür ist der unersättliche Landhunger der Landwirtschaft. Heute gibt es nur noch wenige bedeutende Feuchtwiesen. Sie liegen zudem weit auseinander, und auf vielen dieser Gebiete lastet auch heute noch ein immenser Druck von seiten der potentiellen Nutzungsinteressenten. Immer, wenn ein solches Feuchtgebiet ganz oder teilweise verlorengeht, wächst automatisch die ökologische Bedeutung der übrigen.

Die Niederung am Zusammenfluß von Severn und Vyrnwy ist interessant und regional durchaus wichtig, aber verglichen mit den wirklich großen Überschwemmungsgebieten in East Anglia, etwa den Feuchtwiesen beiderseits der Flüsse Ouse und Nene, ist sie, ökologisch gesehen, nur ein »kleiner Fisch«. In diesem Gebiet führte der Niederländer Vermuyden im 17. Jahrhundert umfangreiche Entwässerungsmaßnahmen durch, in deren Verlauf unter anderem die Ouse auf einer Länge von 34 Kilometern kanalisiert wurde. Es gelang ihm, den Fluß zu bändigen, indem er im Abstand von 800 Metern zwei parallel verlaufende Flutmulden anlegte. Wenn die Ouse

Hochwasser führt, verwandelt sich das Gebiet zwischen den Dämmen der beiden Kanäle in einen einzigen langen, flachen See.

Die Ouse-Niederung gilt wegen der vielen dort überwinternden Schwimmvögel und wegen ihrer seltenen Brutvögel als Feuchtgebiet von internationaler Bedeutung. Die RSPB und andere Naturschutzorganisationen haben dort bereits über 800 ha Grund und Boden aufgekauft. Diese Teilflächen genießen einen dauernden und umfassenden Schutz. Außerdem bietet das Gebiet der interessierten Öffentlichkeit einmalige Beobachtungsbedingungen: Hier kann man die Vögel in großer Zahl und aus nächster Nähe kennenlernen.

Die Menge der Vögel, die in diesem Gebiet den Winter verbringen, übersteigt zeitweise alle Vorstellungen. So sind hier regelmäßig etwa 30 000, an Spitzentagen auch bis zu 40 000 Pfeifenten anzutreffen. Fast 50 % aller Zwergschwäne, die in Westeuropa überwintern, halten sich hier auf; ihre Zahl ist während der letzten 15 Jahre nach und nach auf über 3 000 Exemplare angewachsen. An die 4 000 Krickenten, 2 000 Stockenten, 1 000 Spießenten und rund 500 Löffelenten sind hier im Winter durchgehend zu erwarten, dazu kommen Reiher-, Schnatter-, Tafel- und Brandenten sowie Höckerschwäne, deren Zahl jeweils ebenfalls in die Hunderte geht.

Die wirtschaftliche Nutzung der Überschwemmungsgebiete paßt sich seit altersher dem natürlichen Rhythmus an: Im Winter sind die Wiesen überflutet, im Sommer dienen sie als Weideland oder zur Heugewinnung. Der Boden ist so feucht, daß er nicht umgepflügt werden kann. Aus diesem Grund sind hier die alten extensiven Formen der Grünlandbewirtschaftung bis heute erhalten geblieben. Im Sommer sind die Wiesen, Gräben und Uferböschungen ein einziges Farbenmeer aus gelbblühenden Wasserschwertlilien, purpurfarbenem Blutweiderich, Beinwell, Hahnenfußarten und weißen Doldenblütlern. Zahllose Brutvögel finden darin ideale Lebensmöglichkeiten. Hier in den Feuchtwiesen an der Ouse war es auch, wo sich 1952 die schlanke, graziöse Uferschnepfe wieder ansiedelte, nachdem sie in Großbritannien seit Beginn des 19. Jahrhunderts nur noch in Ausnahmefällen gebrütet hatte. Seit 1952 ist der regelmäßige Brutbe-

Graugänse grasen gern in den Auwiesen.

stand allmählich wieder auf 40 bis 60 Paare angewachsen. Der Watvogel mit dem markanten, langen Schnabel nistet am Boden im hohen Gras. Besonders interessant sind die herrlichen, ausdrucksvollen Balzflüge der Uferschnepfe. Das Männchen steigt, rasch mit den Flügeln schlagend, steil in den Himmel und läßt dabei wiederholt sein charakteristisches »gretta, gretta, gretta« ertönen. In der Luft stellt sich der Vogel auffällig zur Schau, taumelt akrobatisch von einer Seite auf die andere und stürzt sich anschließend, oft senkrecht, mit angelegten Flügeln zu Boden. Dicht über der Wiese fängt er sich ab, landet und bleibt meistens noch einige Sekunden mit hoch erhobenen Flügeln stehen, wobei er die hellen Flügelunterseiten zeigt.

Auch der exotischste unter den heimischen Watvögeln, der seltene, hübsche Kampfläufer, gehört seit den sechziger Jahren wieder zu den Brutvögeln Großbritanniens. Die Kampfläuferpopulation ist kleiner als die der Uferschnepfe, sie hat sich aber inzwischen stabilisiert. Die Balz der Kampfläufer ist bekannt und berühmt. Zu Beginn der Fortpflanzungszeit versammeln sich die männlichen Tiere auf bestimmten kurzrasigen Wiesen. Gekämpft wird stets zu zweit: Die Kontrahenten springen flatternd mit gesträubter Halskrause aneinander hoch und richten die Schnäbel gegeneinander. Sobald jedoch die Weibchen auf dem Kampfplatz erscheinen, sinken die Hähne augenblicklich bewegungslos zu Boden. Die Partnerwahl ist ausschließlich Sache der weiblichen Tiere. Die Halskrausen der Männchen variieren hinsichtlich ihrer Farbe und Musterung beträchtlich; man findet kaum einmal zwei Vögel, die sich auch nur annähernd gleichen. Der auffällige Halsschmuck kann weiß, hellbraun, kastanienbraun, purpurn oder schwarz, gebändert, gefleckt oder einfarbig sein. Die Männchen tragen die auffälligen Federn nur während der kurzen Balzzeit von Ende April bis in den Mai.

Neben Uferschnepfe und Kampfläufer gibt es unter den Watvögeln noch weitere Wiesenbrüter. Die bekanntesten sind der Kiebitz, der Rotschenkel und die Bekassine, die an der Ouse alle außerordentlich zahlreich vorkommen. Besonders artenreich vertreten sind in diesem Gebiet auch die Entenvögel. Von der allgegenwärtigen Stockente einmal abgesehen, treten die Enten in Großbritannien und im übrigen Europa qualitativ (das heißt in bezug auf die Artenzahl) und quantitativ nicht gerade besonders auffällig in Erscheinung, doch dieses einmalige Juwel unter den englischen Feuchtgebieten beherbergt als Brutvögel nebeneinander Löffel-, Brand-, Schnatter-, Krick-, Knäk-, Reiher- und Tafelenten. Sie alle finden auf den Extensivweiden und an den Flußufern sowie auf den von der RSPB neu angelegten Inseln und Gräben geeignete Nistmöglichkeiten. Im Juni erreicht das Vogeljahr seinen Höhepunkt: Die Wiesen und breiten Gräben pulsieren förmlich von neuem Leben, Motor und Quelle des Lebens aber ist der nie versiegende Fluß. Trotz dieses erfreulichen Beispiels sollte man sich jedoch über eines nicht hinwegtäuschen lassen: Die Vögel der Feuchtgebiete sind akut bedroht. Angesichts des hohen Limikolenbestandes in diesem und einigen anderen Gebieten liefert die Bekassine ein lehrreiches Beispiel. Ihr Bestand hat hier ebenso wie in anderen Ländern infolge von Trockenlegungen und Flußbegradigungen kontinuierlich abgenommen. Ging man noch 1972 aufgrund von Schätzungen von einem Brutbestand von mehr als 29 000 Paaren in den Niederungsgebieten Großbritanniens aus, ergab eine Erhebung der RSPB im Jahre 1983, daß zu diesem Zeitpunkt in England und Wales vermutlich nur noch 5 000 bis 10 000 Paare vorhanden waren. Die Bekassine, die so manchen Frühlingsabend mit ihrem meckernden Balzflug erfüllt oder die im Winter unvermutet vor den Füßen des Beobachters aus einer Bodensenke aufsteigt und »himmelt«, wird in Zukunft ein immer seltener werdender Anblick sein.

Hier im Tiefland ist das Flußwasser durch Schwebstoffe getrübt, und der Wasserstand ist hoch – es herrschen also ganz andere Bedingungen als im klaren, relativ flachen Oberlauf. Doch trotz seines »schmutzigen« Aussehens und der wesentlich komplizierter gewordenen Strömungsverhältnisse vermittelt der Fluß eine Atmosphäre heiterer Gelassenheit. Er ist älter, fast möchte man sagen: reifer geworden. Das muntere Geplätscher und die gischtenden Stromschnellen und Wasserfälle hat er hinter sich gelassen. Mit fast gespenstischer Ruhe strömt das Wasser jetzt im Flußbett dahin, nur die kleinen, im Sonnenlicht glänzenden Kräuselwellen haben es etwas eiliger: Sie eilen der Strömung immer wieder voraus. In Ufernähe bilden sich Wirbel und Strudel. Häufig fließt das Wasser hier etliche Meter weit als Neerstrom flußaufwärts, bis es sich irgendwo wieder in der Hauptströmung fängt und von ihr erneut mitgerissen wird. Die Strömung zieht an den überhängenden Zweigen der Uferweiden und an den Weidenschößlingen, die im Flußbett selbst wurzeln. Die dünnen Ruten biegen sich langsam in Fließrichtung, bis sie nahezu flach auf dem Wasser liegen und federn dann wieder zurück, so daß das Wasser einen Augenblick lang gluck-

Kampfläufer und Uferschnepfe zählen zu den auffälligen, aber seltenen Watvögeln des Grünlands.

Uferschnepfe im Brutkleid
Uferschnepfe im Brutkleid
Kampfläufermännchen im Ruhekleid
das schlichter gefärbte Weibchen des Kampfläufers
Kampfläufer auf dem Balzplatz
Die auffälligen Halskrausen sehen bei jedem Tier anders aus.

Der Schilfrohrsänger hält sich im Sommer im dichten Korbweidengestrüpp und anderen Deckung bietenden Sträuchern auf.

send hindurchrauscht. Diese Bewegung wiederholt sich mit der Stetigkeit eines Metronoms und verursacht das einzige Geräusch weit und breit.

Im Spätwinter glänzen die schwankenden Weidenzweige ockergelb im Licht der tiefstehenden Sonne. Die trockenen, abgeknickten Stengel und Halme der vorjährigen Brennesseln, des Altschilfs und der Weidenröschen am Ufer bilden vor dem Hintergrund der grünen, vom Flußwasser überströmten Wiesen und der Bäume, deren düstere Stämme sich in den Hochwassertümpeln spiegeln, einen deutlichen, fast weißlichen Farbkontrast. Aus dem Korbweidendickicht ruft eine unsichtbare Teichralle. Die Flußlandschaft mit ihrem reichen Mosaik winterlicher Farbnuancen ist die Lebensader der Tiefebene. Gleichzeitig bildet sie den Hauptanziehungspunkt für die Zunft der Angler.

Man schätzt die Zahl der Angler in Großbritannien auf etwa dreieinhalb Millionen. Sie gehen ihrem Hobby vor allem im Binnenland nach, und zwar überwiegend an den Gewässern rund um die städtischen Ballungsräume. Auch die Flußufer sind während des größten Teils des Jahres einem intensiven Freizeitdruck seitens der Petrijünger ausgesetzt. Süßwasserfische genießen in Großbritannien eine dreimonatige Schonzeit von Mitte März bis Mitte Juni, denn dies ist für die meisten Arten die Hauptlaichzeit. Glücklicherweise fällt die Fortpflanzungs- beziehungsweise Hauptentwicklungszeit der übrigen Tiere und Pflanzen am Fluß ebenfalls in diesen Zeitabschnitt. So kann sich die Ufervegetation, die in den Monaten April und Mai in die Höhe schießt, von den Trittschäden erholen, die sie im Winter erlitten hat, und den Vögeln ausreichend Schutz und Deckung zur Anlage ihrer Nester bieten. Dieser Saum üppigen Grüns zu beiden Seiten des Flusses ist für eine ganze Reihe von Vogelarten von überragender Bedeutung.

Wo an den Tieflandabschnitten der Flüsse die Krautschicht üppig ausgebildet ist oder wo dicht verfilztes Gebüsch die Ufer säumt, erreicht der Schilfrohrsänger oft hohe Siedlungsdichten. In undurchdringlichem Weißdorn-, Brombeer- oder Korbweidengestrüpp auf trockenerem Grund fühlt er sich vielleicht sogar wohler als in Schilf- oder Rohrkolbenbeständen, für die er an und für sich typisch ist. Das Nest des Schilfrohrsängers ist gut versteckt und schwer zu finden; es wird dicht über dem Boden in das undurchdringliche Pflanzengewirr hineingebaut. Der kleine Vogel mit dem schwarzbraun gestreiften Rücken und dem weißen Überaugenstreif ist in Großbritannien, wo es mehr geeignete Lebensräume gibt als in Mitteleuropa, fast flächendeckend verbreitet.

Nach der Ankunft im April führt das Schilfrohrsängermännchen seinen charakteristischen Singflug vor, zu dem es von einem Halm oder Zweig aus senkrecht emporsteigt, um sich anschließend im Fallschirmflug rasch wieder fallenzulassen und auf dem gleichen oder einem in der Nähe befindlichen Zweig zu landen. Ebenso häufig wird der Gesang aber auch von einer Singwarte aus vorgetragen. Das laute, weithin hörbare Lied besteht aus einem eilig hervorsprudelnden Potpourri von rauhen, zwitschernden und angenehmen Strophen, die oft wiederholt werden. Darüber hinaus ist der Schilfrohrsänger ein talentierter Spötter. Bei genauerem Hinhören kann man in seinem Gesang eingeflochtene Imitationen von Rauchschwalbe, Amsel, Star, Dorngrasmücke, Feldlerche, Turmfalke, Rotschenkel und anderen Vogelarten unterscheiden, die mit ihm den gleichen Lebensraum bewohnen.

Viele ganzjährige Bewohner, aber auch manche Sommervögel wie der Schilfrohrsänger oder die Dorngrasmücke, sind an den unteren Flußabschnitten besonders zahlreich anzutreffen. Für viele von ihnen ist der Fluß als solcher völlig uninteressant. Was den Uferbereich für sie so attraktiv macht, ist der alte Baumbestand sowie die undurchdringlichen, nach menschlichen Maßstäben ungepflegten Gebüsche aus Schlehen, Weißdorn, Brombeeren und anderen Sträuchern. Rotkehlchen, Heckenbraunelle und Zaunkönig sind hier deswegen nicht weniger häufig als in Feldgehölzen oder im Wald. Amsel und Singdrossel finden im dichten Brombeergerank am Fuß der Bäume ebenfalls sichere Nistplätze. Die alten Eichen und Ulmen sind vielfach von Efeu überwachsen, in dessen Blattwerk Drosseln, Grünlinge, Rotkehlchen und Zaunkönige ihre Nester anlegen. Außerdem sind die schwarzen Beeren im Winter eine beliebte Vogelnahrung, die vor allem von Ringeltauben, Amseln und anderen Jahresvögeln gern aufgenommen wird. Weitere regelmäßige Besucher der Uferbäume sind der Kleiber, der Waldbaumläufer, der Buntspecht und der sperlingsgroße Kleinspecht. Der feine, etwas gebogene Schnabel des Waldbaumläufers eignet sich hervorragend zum Stochern in den Rissen und Furchen der Baumrinde, während die Spechte mit ihrem starken, spitzen Schnabel, den besonders kräftig ausgebildeten Schädelknochen und der weit vorstreckbaren Klebzunge in der Lage sind, Borke und totes Holz aufzumeißeln und holzbewohnende Insektenlarven aus ihren Bohrgängen hervorzuholen. Im Sommer gesellen sich zu dieser bunt gemischten Vogelschar noch Arten wie der Grauschnäpper, Mönchs- und Gartengrasmücke, Nachtigall und Turteltaube. Damit gehören die Mittel- und Unterläufe der Flüsse für jeden Vogelfreund zu den interessantesten und ergiebigsten Beobachtungsgebieten.

Stockenten halten sich am liebsten in ruhigem, langsam fließendem Wasser auf. Wenn Gefahr droht oder irgend jemand am Ufer auftaucht und die beschauliche Ruhe stört, drücken sie sich in den überhängenden Uferbewuchs und warten dort, bis die Luft wieder rein ist – es sei denn, die Störung erfolgt so massiv, daß sie auffliegen müssen. Teichrallen verstecken sich ebenfalls gern am Ufer. Sie nisten häufig im dichten Gewirr der Ufervegetation, das den Vögeln mehr Sicherheit

Stilleben am Fluß: Stockentenpaar mit Wasserschwertlilien

An ungestörten Abschnitten des Unterlaufs ist die Teichralle meistens in größerer Zahl anzutreffen.

bietet als die locker stehenden Pflanzen der Binsen- oder Röhrichtzone, wo man gelegentlich auch Teichrallennester finden kann. Dort sind die Eier und Jungvögel sowohl durch Hochwasser als auch durch gefiederte Räuber besonders gefährdet.

Die Teichralle, die wohl jeder von Teichen, Kanälen, Stadtweihern und ähnlichen stehenden Gewässern kennt, hält sich auch am Fluß an die ruhigeren Seitenarme und Buchten. So gibt es beispielsweise am Severn einige Abschnitte, an denen alle drei- bis vierhundert Meter ein Teichrallenpaar lebt. (Die gesamte Population dieses häufigen Wasservogels umfaßt landesweit mehr als 300 000 Brutpaare.) Obwohl die Teichralle eine derart vertraute Erscheinung ist, beschäftigen sich die meisten Beobachter und Ornithologen kaum mit ihr. Das ist bedauerlich, denn die Biologie dieses Vogels ist in vieler Hinsicht ungewöhnlich interessant – wer sich näher damit befaßt, wird manche echte Überraschung erleben.

Wie eine Teichralle aussieht und wo man sie findet, weiß fast jeder, aber das ist oft auch schon alles, was einem spontan zu diesem Vogel einfällt. Schwimmende Teichrallen sind an ihren ruckartigen Kopfbewegungen, dem leuchtend roten Schnabel und dem roten Stirnschild leicht zu erkennen. Auch die weißen Unterschwanzdecken, die in der Erregung häufig zucken, fallen auf den ersten Blick ins Auge. Charakteristisch ist ferner die Art, wie die Vögel beim Auffliegen über die Wasseroberfläche laufen und sich erst nach etlichen Metern mit baumelnden Beinen vom Wasser lösen.

Die Teichralle kann sich im Wasser ebenso geschickt bewegen wie auf festem Boden. Sie hält sich zwar oft und gern im feuchten Element auf, doch ihre großen Füße mit den langen dünnen Zehen gewähren beim Schwimmen, da die Vögel keine Schwimmhäute besitzen, nur wenig Vortrieb. Sie sind eigentlich besser zum Laufen auf festem Substrat und in sumpfigem Gelände geeignet. Teichrallen sind allerdings überraschend geschickte Kletterer. Häufig findet man daher die Nester nicht am Boden, sondern im Gezweig von Büschen und Bäumen am Rand der Gewässer. Die Nacht verbringen die Vögel gern an ähnlichen Stellen, wo sie vor Füchsen

weitgehend sicher sind. Man weiß, daß die Teichralle teilweise nachtaktiv ist, doch warum das so ist und was sie nachts treibt, ist noch nicht genau bekannt. In hellen Mondnächten kann man die Tiere gelegentlich bei der Nahrungssuche antreffen. Außerdem sind sie nachts recht ruffreudig, vor allem im Frühjahr und im Herbst. Aus Gründen, die uns Menschen völlig unerfindlich sind, fliegen sie des Nachts oft umher und stoßen dabei merkwürdige kehlige Rufe aus.

Innerhalb der Brutzeit verhalten sie sich gegenüber Artgenossen aggressiv; wo mehrere Paare in enger Nachbarschaft leben, kommt es häufig zu Auseinandersetzungen, und rasante Verfolgungsjagden, bei denen die Kontrahenten flügelschlagend über die Wasserfläche laufen, sind an der Tagesordnung. Der auffällige rote Stirnschild spielt bei diesen Streitigkeiten eine wichtige Rolle: Bevor ein Treffen zweier rivalisierender Teichrallen zur tätlichen Auseinandersetzung eskaliert, senken die Tiere den Kopf und präsentieren dem Gegner den roten Stirnschild. Nach Abschluß der Brutzeit schließen sich die Vögel zu lockeren Winterverbänden zusammen, die in der Regel etwa 15 bis 30 Tiere umfassen. Innerhalb der Gruppe existiert eine genau definierte Hackordnung. In dieser sozialen Hierarchie, in der die größten und stärksten Einzeltiere an der Spitze stehen, ist nicht allein die Stärke oder Aggressivität der Vögel maßgebend, sondern die Größe des markanten roten Stirnschilds. So kommt es, daß es sich bei den dominierenden Vögeln meistens um ältere Männchen und erst in zweiter Linie um Weibchen handelt.

Wenn sich eine Vogelart in der heutigen Zeit so erfolgreich durchsetzt, wie es die Teichralle tut, dann hat sie sich mit Sicherheit an den Menschen und seine veränderte Umwelt angepaßt, dann hat sie auch unter Beweis gestellt, daß sie sich schnell und erfolgreich fortpflanzen kann und daß sie sich ergiebige Nahrungsquellen erschließen konnte, die zu allen Jahreszeiten zur Verfügung stehen. All dies trifft auf die Teichralle zu. Als typischer Allesfresser kann sie problemlos von allen möglichen Dingen, teils tierischer, teils pflanzlicher Herkunft, leben, die sie auch in engster Nachbarschaft zum Menschen findet, vor allem innerhalb der Städte. Darüber hinaus hat sie eine hohe Vermehrungsrate: Sie beginnt schon früh im Jahr mit der ersten Brut, der eine oder auch zwei weitere folgen. Das Gelege besteht jeweils aus sechs bis acht Eiern. Da die Vegetation zur Zeit der ersten Brut noch recht spärlich entwickelt ist, gehen mangels geeigneter Deckung oft mehr als die Hälfte der Erstgelege verloren, doch mit fortschreitender Jahreszeit erhöht sich auch der Bruterfolg. Die schwarzgefärbten Dunenjungen werden mit ihrem grellroten Schnabel und Gesicht an Häßlichkeit nur noch von jungen Bläßrallen übertroffen. Die Jungvögel der ersten Brut werden bis zum Alter von etwa sechs Wochen von den Eltern gefüttert. Danach übernehmen sie selbst einen Teil der Brutpflege- und Fütterungsaufgaben für ihre später schlüpfenden jüngeren Geschwister.

Die Vögel beleben unsere Flußlandschaften im Sommer nicht nur durch ihre optisch wahrnehmbaren Aktivitäten, also durch ihren Flug und andere Bewegungen, sondern vor allem auch akustisch. Wer all die verschiedenen Rufe und Gesänge voneinander unterscheiden kann, kann sich jederzeit einen Überblick darüber verschaffen, wie viele Vogelarten und -individuen in dem betreffenden Biotop leben. Es leuchtet ohne weiteres ein, daß die Zahl der Vögel, die man hört, meistens um ein Vielfaches größer ist als die Zahl derjenigen, die man zu sehen bekommt.

»Tiht, Tiht!« Vom jenseitigen Flußufer dringt ein hoher, durchdringender Pfiff an unser Ohr. Kurz darauf ist er wieder zu hören – diesmal aus größerer Entfernung. Der Rufer bleibt jedoch hinter einer Flußbiegung verborgen. Dieser Vogelruf ist sehr typisch für Fließgewässer der Ebene; er stammt von so einem Vogel, den man häufiger hört als sieht, obwohl er aus der Nähe durch seine brillanten Farben ins Auge fällt. Hier befinden wir uns nämlich mitten im Lebensraum des Eisvogels, und der durchdringende Pfiff ist der erste Hinweis darauf, daß er sich irgendwo in der Nähe aufhält. Trotz seiner auffallenden Färbung ist der »fliegende Edelstein« inmitten der sommerlichen Farbsymphonie nämlich nicht immer leicht auszumachen. Wenn wir einer hübschen alten französischen Fabel Glauben schenken dürfen, war er allerdings nicht immer so bunt: Als Noah auf die Rückkehr der Taube wartete und allmählich ungeduldig wurde, heißt es dort, da sandte er, als er nicht mehr länger warten konnte, den Eisvogel aus. Er sollte sich umschauen und feststellen, ob er irgendwo Land entdecken konnte, denn sein großer Schnabel bewies, daß er mutig war, und als Fischer hatte er vor den Wassern der Sintflut ohnehin keine Furcht. Als der damals noch grau gefiederte Eisvogel hoch in die Luft flog, um einem Sturm auszuweichen, traf ihn ein Blitzstrahl und hinterließ in seinem Federkleid vom Kopf bis zum Schwanz einen Farbstreifen, der wie blaues Feuer glitzerte. Er schwang sich noch höher hinauf. Die Sonne wärmte ihn, doch er kam ihr zu nah, und sie versengte zunächst seine Brust, und dann, als er sich von ihr abwandte, auch seinen Schwanz. Als der Eisvogel endlich auf die Erde zurückkehrte, hatte sich die Flut bereits verlaufen, und die Arche war längst abgewrackt. Seit jener Zeit patrouilliert der Eisvogel ruhelos an den Flüssen entlang, ruft immerfort und sucht seinen ehemaligen Herrn und Meister.

Eisvögel zeigen ein sehr ausgeprägtes Territorialverhalten und reagieren auf fremde Artgenossen fast immer aggressiv. Sie sind darauf angewiesen, das ganze Jahr über ein eigenes Revier zur Verfügung zu haben, in dem sie auch während der harten Wintermonate genügend Nahrung finden. Wenn die Vögel in der Brutsaison paarweise zusammenleben, muß sichergestellt sein, daß sie für die Jungvögel aus mehreren aufeinander folgenden Bruten ausreichend Futter herbeischaffen können, ohne sich mit Konkurrenten auseinandersetzen oder lange Distanzen zurücklegen zu müssen. Beides wäre unnütze Energieverschwendung.

An den Flüssen des englischen Tieflands wie etwa der Themse, der Ouse, am Trent oder Avon sind die einzelnen Eisvogelreviere verschieden lang. In den meisten Fällen kontrolliert ein Brutpaar einen Abschnitt von etwa anderthalb Kilometern Länge, je nach Fischreichtum des Gewässers und Erreichbarkeit der Nahrung sind Schwankungen nach oben und unten möglich. Ein Eisvogel kennt sein Territorium sehr genau – etwa so, wie wir mit unserer Wohnung, unserem Garten und mit der Straße, in der wir leben, in allen Einzelheiten vertraut sind. Die Grenzen dieser kleinen Welt sind unsichtbar, sie werden aber unbedingt respektiert. Die Vögel verlassen ihr Revier nicht freiwillig, es sei denn, es ereignet sich unerwartet eine Katastrophe. Jedes Eisvogelrevier muß bestimmte Grundvoraussetzungen erfüllen: Es enthält normalerweise mehrere ergiebige Fischgründe, die immer wieder aufgesucht werden, geeignete Sitzwarten in Ufernähe, einen geschützten Ruheplatz für die Nacht sowie Steilufer oder Abbruchkanten mit weicher Erde, in der die Vögel ihre Niströhren anlegen können. Bäche, die in den träge dahinfließenden Hauptfluß einmünden, kleinere Teiche und Gräben mit sauberem Wasser erhöhen den Wert eines Gebietes beträchtlich, denn dort finden sich zusätzliche Flachwasserzonen, die sich zum Fischen

Der Eisvogel stürzt sich kopfüber in den Fluß und fängt unter Wasser Elritzen und andere Kleinfische.

eignen. Sie werden hartnäckig gegen jeden Konkurrenten verteidigt, selbst wenn sie von den Revierinhabern vielleicht nur in Notfällen aufgesucht werden.

Solange die Eisvögel in der Brutzeit mit ihrem reichen Nahrungsangebot paarweise zusammenleben, dulden die Eltern die Jungvögel der ersten Brut innerhalb des Reviers, während sie bereits eine zweite Brut großziehen. Das ändert sich jedoch etwa Anfang September. Jetzt sind die Nachkommen im Revier nicht länger erwünscht; sie werden ohne große Umschweife daraus vertrieben. Auch die Altvögel trennen sich jetzt und gehen ihrer eigenen Wege. Es kann sein, daß eines der Tiere das gesamte ehemalige Brutrevier weiter besetzt hält, es kommt aber auch vor, daß zwischen den Vögeln, wie das bei einer Scheidung üblich ist, eine Güterteilung stattfindet: Dann wird das Territorium gesplittet, und jeder bewohnt im Herbst und Winter eine Hälfte.

Der hohe, durchdringende Pfiff des Eisvogels, der oft nur einmal, häufig aber auch zweimal hintereinander zu hören ist, erfüllt die Funktion einer akustischen Reviermarkierung. Selbstbewußt und voller Elan ausgestoßen, vor allem, wenn ein Vogel eine seiner häufig benutzten Sitzwarten anfliegt, signalisiert dieser Ruf jedem eindringenden Artgenossen, daß das Gebiet bereits besetzt ist. Im Spätsommer hört man den Pfiff immer öfter auch von Jungvögeln. Sobald sie jedoch von den Eltern allmählich aus dem Revier gedrängt werden, verstummen die besonders gewitzten unter ihnen, damit sie in dem Gebiet, das nun den Eltern allein gehört, weiterhin ihren Lieblingsfangplatz aufsuchen können.

Eisvögel sind bei der Jagd auf ihren Gesichtssinn angewiesen, sie benötigen daher sauberes Wasser. Im tieferen, undurchsichtigen Wasser in der Mitte des Flusses können sie ihre Beute nicht erkennen, sie müssen sich statt dessen an die Flachwasserzonen nahe am Ufer halten, wo das Wasser klarer ist. Wenn der Fluß Hochwasser führt und über seine Ufer tritt, hat der Eisvogel beim Fischen Probleme. In dieser Zeit zieht er sich gern an nahe gelegene Teiche und kleine Wasserläufe zurück, wo er besser zurechtkommt.

Der Unterlauf des Flusses hat ein sehr geringes Gefälle, und unter natürlichen Verhältnissen bilden sich in der Ebene weit geschwungene Krümmungen, die Mäander. Einige dieser Mäander sind heute fast zwangsläufig durch die Einwirkung des Menschen mehr oder weniger verändert worden, aber ganz und gar im Zaum halten läßt sich der Fluß nie: Er gehorcht nach wie vor weitgehend seinen eigenen Gesetzen. Da sich sein Bett in der Vergangenheit immer wieder verlagert hat, sind überall im Tal alte, abgeschnittene Seitenarme zurückgeblieben. Einige wurden verfüllt und sind mittlerweile in neu angelegten Äckern aufgegangen, andere sind als schilfumsäumte, halbmondförmige Teiche nach wie vor erkennbar. Oft sind am Ufer Baumreihen aus alten Weiden, Pappeln und Eichen erhalten geblieben, deren Zweige sich im dunklen, wenig einladenden Wasser spiegeln. Sie zeigen dem Beobachter schon von weitem, wo sich so ein alter Flußarm befindet. Manche von ihnen stehen zeitweise noch mit dem Hauptstrom in Verbindung. Jedesmal, wenn der Wasserstand etwas ansteigt, werden sie aufgefüllt und bilden Staubecken, in denen so gut wie keine Fließbewegung mehr stattfindet. Andere werden nur noch bei Hochwasser vom Flußwasser erreicht und sammeln ansonsten das Wasser, das von den etwas höher liegenden Feldern abläuft, oder sie werden durch das Grundwasser gespeist, das im Tal naturgemäß sehr hoch ansteht.

Diese vielgestaltigen flußnahen Teiche sind ökologisch äußerst wertvoll. An ihren Rändern entwickelt sich in kurzer Zeit ein üppiger Vegetationsgürtel, in dessen Schutz sich bald eine artenreiche Vogelwelt ansiedelt. Rohrammern halten sich gern an solchen Altarmen auf, denn hier finden sie reichlich Deckung zum Bau ihrer Nester sowie ein vielseitiges Angebot an Sämereien und Früchten. Alle Ammern sind in erster Linie Körnerfresser, und obwohl sich die Rohrammer vornehmlich an die Früchte und Samen von Feuchtgebietspflanzen hält, hat sie wie viele andere Arten ihre Fähigkeit, sich an einen neuen Lebensraum anzupassen, unter Beweis gestellt. Früher bestand hinsichtlich der Biotopwahl ein klarer Unterschied zwischen der Rohrammer und der mit ihr verwandten Goldammer: Erstere bewohnte den Schilfgürtel und naturnahe Buschstreifen in Gewässernähe, letztere war auf trockeneren, ackerbaulich genutzten Flächen zu Hause. Während der letzten vierzig Jahre, in denen die Goldammer in Großbritannien abnahm, hat die Rohrammer ihren Lebensraum auf trockenere Bereiche ausgedehnt, wobei der allgemeine Rückgang der Feuchtgebiete vermutlich der eigentliche Anlaß war. Durch dieses flexible Verhalten hat sie ihren Bestand halten können. Mittlerweile ist sie längst nicht mehr nur an schilfbewachsenen alten Flußschlingen und Ufern zu finden, obwohl sie dort auch heute noch ihre größte Dichte erreicht. Das Rohrammerweibchen ist ein recht unauffälliges, auf bräunlichem Grund schwarz gestreiftes Vögelchen, das man von anderen, insbesondere weiblichen Ammern am besten anhand der verhältnismäßig kontrastreichen Kopfzeichnung unterscheiden kann. Das Männchen ist mit seinem tiefschwarzen Kopf, dem scharf abgesetzten weißen Halsband und dem dunklen Bartstreif schlechthin unverwechselbar. Dieses Muster fällt selbst im Winter auf, obwohl es sich dann nicht so deutlich abzeichnet wie in den Monaten März und April. Im Laufe des Winters nutzen sich nämlich die anfangs blaßbräunlichen Federsäume an Kopf und Hals weitgehend ab, so daß die auffallende schwarzweiße Kopfzeichnung im Frühjahr am stärksten hervortritt.

Der Gesang der Rohrammer gehört zu den anspruchslosesten und eintönigsten Vogelliedern am Fluß. Im Frühsommer können die Vögel Angler oder Ausflügler, die sich längere Zeit am Wasser aufhalten, mit ihren pausenlos vorgetragenen, wie abgehackt klingenden Strophen schier zur Verzweiflung treiben. Das Rohrammerlied beginnt mit zwei bis drei einzelnen Elementen, zwischen die jeweils kurze Pausen geschaltet sind. Den Abschluß bildet ein aus unmelodischen, geräuschhaften Tönen bestehendes Crescendo. Hat man diesem Vortrag längere Zeit zugehört, hegt man bei jeder Pause unweigerlich den Wunsch, der Vogel möge wie durch ein Wunder urplötzlich seine Stimme verlieren, doch das Rohrammermännchen selbst ist offenbar sehr stolz auf seine Vortragskunst, denn es setzt sich stets auf die obersten Zweige eines Busches oder auf einen schwankenden Schilfhalm und schmettert sein Liedchen mit hoch erhobenem Kopf in die Welt, acht- bis zehnmal pro Minute und Stunde um Stunde.

An einem der Altarme, auf dessen steiler Uferböschung eine Reihe von Eichen steht, haben zwölf Graureiherpaare ihre Horste angelegt. Graureiher sind am Fluß allgegenwärtig. Man begegnet ihnen von der Quelle bis zur Mündung überall, doch hier, in der Ebene, sind sie besonders zahlreich vertreten. Hier finden sie die besten und ergiebigsten Jagdgründe, die größte Auswahl an Brutplätzen und das reichhaltigste Nahrungsangebot. Obwohl er innerhalb der heimischen Vogelwelt unbestritten der geschickteste Fischer ist, lebt selbst der Graureiher nicht vom Fisch allein. Sein Nahrungsspektrum ist breit; neben Fischen umfaßt es auch Kleinsäuger, Vögel, Insekten, Krebstiere, Schlangen und Amphibien. Die flachen Uferzonen, die Teiche, Gräben und Altarme sind also geradezu ideal für den schlanken, langbeinigen Gesellen. Außerdem gibt es hier Aale, und die zählen für einen Graureiher zu den allerfeinsten Leckerbissen.

Der Platz für die Brutkolonie ist gut gewählt. Hier bleiben die Reiher von Störungen verschont und finden darüber hinaus in geringer Entfernung eine ganze Reihe von Gebieten, in denen sich erwiesenermaßen immer etwas Genießbares auftreiben läßt. Diese Plätze sind traditionell ausschließlich den älteren, erfahrenen Vögeln vorbehalten: Wer in der Kolonie am meisten zählt, darf sich auch zuerst die besten Brocken einverleiben. Die jungen, unerfahrenen Tiere müssen selbst sehen, wie sie sich durchs Leben schlagen, bis sie sich schließlich, sofern ihnen das gelungen ist, später selbst einer Brutkolonie anschließen und dort die gleichen Vorrechte für sich beanspruchen können.

Die langen Beine und die langen, weit ausgreifenden Zehen des Graureihers eignen sich gut zum Schreiten in dichter Vegetation oder auf den halb unter Wasser gedrückten, verrottenden Halmen und Stengeln von Uferpflanzen. Man möchte meinen, daß die Vögel in den Baumkronen,

Eisvögel verpaaren sich jeweils für eine Brutsaison. Die Niströhre wird von beiden Partnern in das weiche Erdreich eines Steilufers oder einer Abbruchkante gegraben.

in denen sie nisten, erheblich größere Schwierigkeiten hätten. Oft sieht man die schlanken, schlaksig wirkenden Gestalten hoch oben im Wipfel großer Bäume, wo sie mühsam versuchen, ihr Gleichgewicht zu bewahren. Doch dieser äußere Eindruck ist eigentlich ganz falsch. In Wirklichkeit wissen sie sich, genauso wie viele ihrer Verwandten, die ebenfalls zu den Baumbrütern gehören, dort oben sehr wohl zu bewegen. Mit ihren langen, kräftigen Zehen umfassen sie die dünnen Zweige und verlieren auch dann nicht den Halt, wenn die stürmischen Märzwinde die Bäume heftig hin- und herschwanken lassen. Sie ziehen dann lediglich den Kopf ein und sehen fast noch trauriger und hilfloser aus als zuvor.

Graureiher beginnen früh im Jahr mit der Brut. Das Laub der Bäume hat sich zu diesem Zeitpunkt längst noch nicht entwickelt, und so fallen die großen, flachen Reisighorste deutlich ins Auge. Sobald die Jungvögel geschlüpft sind, bleibt einer der Elternvögel während der ersten vier Wochen am Nest, um den Nachwuchs von Zeit zu Zeit zu hudern und vor direkter Sonneneinstrahlung und Regen zu schützen. Die Jungreiher sind schier unersättlich. Ihre Bettelrufe ertönen ohne Unterbrechung. Erscheint ein Altvogel mit Futter am Horst, umfaßt ein Junges dessen Schnabel und zieht mit aller Kraft daran, um das Elterntier dazu zu bewegen, die im Kropf gesammelte Nahrung auszuwürgen. Wenn die Jungvögel vier Wochen alt sind, fordern sie so energisch ihr Recht – wobei sie den Kopf des betreffenden Altvogels oft bis auf den Nestboden hinunterziehen –, daß kein Elterntier, sofern es noch alle fünf Sinne beisammen hat, länger als unbedingt nötig am Horst bleibt. Wenn es so weit gekommen ist, erscheinen die Eltern nur noch, um Futter abzuliefern.

Um die Mitte des Monats Juni verlassen die jungen Graureiher das Nest, und noch bevor es richtig Sommer geworden ist, kehrt in der Reiherkolonie wieder Ruhe ein. Bis zum Februar des kommenden Jahres bleibt der Brutplatz verlassen.

Die ruhigen, ungestörten Altarme des Flusses sind auch der Brutplatz eines anderen großen Wasservogels, nämlich der Kanadagans. Diese Gänseart stammt ursprünglich aus Nordamerika, wo die Tiere ein ausgeprägtes Zugverhalten entwickelt haben. Sie wurden bereits im 17. Jahrhundert als Ziervögel nach Großbritannien eingeführt, wo man sie zunächst auf großen Landgütern aussetzte. Seitdem sind sie nach und nach verwildert, haben das englische Tiefland größtenteils besiedelt und breiten sich auch heute noch weiter aus.

Kanadagänse sind Bodenbrüter. Das Nest wird gewöhnlich nahe am Wasser im Windschatten eines kleinen Strauches, eines umgestürzten Baumstamms oder eines Treibguthaufens angelegt. Vor allem die männlichen Vögel sind recht angriffslustig. Nähert sich ein zwei- oder vierbeiniger Eindringling ihrem Nest oder fühlen sie sich sonst irgendwie bedroht, handeln sie meistens nach der Devise »Angriff ist die beste Verteidigung«. Die Attacken einer Kanadagans können durchaus ernst gemeint sein und sind geeignet, selbst Menschen vom Brutplatz zu vertreiben. Ich habe mit eigenen Augen gesehen, wie sich ein erwachsener Mann angesichts der heftigen, im Tiefflug vorgetragenen Angriffe eines Ganters flach auf den Kiesstrand werfen mußte, auf dem sich das Nest des betreffenden Paares befand. Nachdem der Vogel vorbeigeflogen war und der Mann sich wieder erhoben hatte, beschrieb der Ganter einen Bogen in der Luft, kam zurück, ging wiederum in den Tiefflug über und startete einen erneuten Angriff – diesmal von der anderen Seite, aber mit genau dem gleichen Effekt!

In Großbritannien sind die großen, hübsch anzusehenden Kanadagänse zu ausgeprägten Jahresvögeln geworden. Die Ausnahme bildet ein interessanter Mauserzug, der sich bei einigen Teilpopulationen entwickelt hat. Die betreffenden Vögel ziehen im Juni eigens um zu mausern in nördlicher Richtung ab. Das Merkwürdige daran ist, daß diese Wanderbewegung exakt mit dem Mauserzug übereinstimmt, den die nordamerikanische Population seit Urzeiten jedes Jahr im Juni unternimmt. Bei den in Großbritannien angesiedelten Kanadagänsen hat sich diese Zugtradition jedoch erst innerhalb der letzten 30 Jahre ausgebildet, nachdem die Art vorher schon 200 Jahre oder länger hier gelebt hatte. Nichtbrüter aus Yorkshire, neuerdings auch aus anderen Gegenden des Landes, ziehen zum Beauly Firth, einem Meeresarm nördlich von Inverness, und bleiben dort von Juni bis August. Bis dahin haben sie ihre Mauser beendet und kehren zurück in den Süden des Landes. Die Brutvögel können an diesem Mauserzug selbstverständlich nicht teilnehmen, weil sie sich um die Aufzucht ihrer Jungen kümmern müssen. Sie mausern daher in ihren Brutgebieten. Während der Mauserzeit sind sie drei bis vier Wochen lang vollkommen flugunfähig. Wenn dann die Jungvögel allmählich flügge werden, erlangen ihre Eltern die Flugfähigkeit zur gleichen Zeit zurück.

Im Hochsommer sinkt der Wasserspiegel der abgeschnittenen Flußschlingen. Die offenen Schlickflächen am Ufer, die damit nach und nach freifallen, sind willkommene Rastplätze für die ersten nordischen Watvögel, die um diese Zeit aus ihren arktischen und subarktischen Brutgebieten zurückkommen. Es gibt eine ganze Reihe von Watvogelarten, die auf dem Zug regelmäßig im Binnenland auftauchen, sei es, weil sie das Salzwasser ohnehin weitgehend meiden wie der Bruchwasserläufer, der Kampfläufer, der Waldwasserläufer und der Dunkle Wasserläufer, oder weil sie sich am Süßwasser genauso wohl fühlen wie am Meer – so beispielsweise der Grünschenkel, die Uferschnepfe und der Alpenstrandläufer. Bei den ersten Rückkehrern – sie treffen in der zweiten Julihälfte in West- und Mitteleuropa ein – handelt es sich wahrscheinlich um Vögel, die bei der Partnersuche keinen Erfolg hatten oder deren Brutversuche fehlgeschlagen sind. Oft tragen einige dieser Neuankömmlinge noch das Brutkleid, das viel farbenprächtiger ist als das schlichte Ruhekleid. Die Umfärbung ins Brutkleid vollzieht sich unter normalen Umständen erst, nachdem die Vögel bereits im Brutgebiet eingetroffen sind, so daß wir in unseren Breiten weder während des Frühjahrs- noch während des Herbstzuges dieses Prachtkleid zu Gesicht bekämen, wenn es nicht die erwähnten Ausnahmen gäbe.

Unter den Watvögeln (oder Limikolen) fällt wohl der Dunkle Wasserläufer mit seinem im Brutkleid auf schwärzlichem Grund weiß gesprenkelten Rücken, den zinnoberroten Beinen und dem ebenso leuchtend gefärbten Schnabel am meisten auf. Auch der kleinere Bruchwasserläufer ist oberseits weiß gesprenkelt, doch die Grundfarbe ist bei ihm ein dunkles Braun, das weit weniger auffällig wirkt. Das zierliche, schlanke Vögelchen ist etwas kleiner und schwächer als der nahe verwandte Waldwasserläufer, der außerdem etwas dunkler ist. Er stellt im Spätsommer innerhalb der bunt gemischten Limikolengesellschaft an den Altarmen des Flusses das Hauptkontingent. Obwohl man Waldwasserläufer meist nur einzeln oder allerhöchstens in kleinen, aus zwei oder drei Vögeln bestehenden Trupps sieht, sind sie im Tiefland, großräumig betrachtet, eben doch sehr zahlreich vertreten, weil sie selbst an den kleinsten Tümpeln auftauchen.

Die im 17. Jahrhundert eingeführte Kanadagans brütet heute vielerorts im englischen und walisischen Tiefland.

Ein weiterer Durchzügler, der sich im Juli und August häufig an Flüssen und anderen Binnengewässern einstellt, ist der Grünschenkel. Er ist mit gut 30 Zentimetern Länge von der Schnabelspitze bis zum Schwanz recht groß und – vor allem an Kopf und Hals – blaßbräunlich gefärbt. Mit seinem langen, schwach aufgeworfenen Schnabel und den grünlichen Beinen ist er eine anmutige Erscheinung. An seiner graubraunen Oberseite, die im Winter deutlich heller wird, der weißen Unterseite und dem charakteristischen lauten Ruf, der sich etwa mit »kjückjückjü« umschreiben läßt, kann man ihn recht gut erkennen. In den urtümlichen, wasserreichen Sümpfen und Mooren Nordschottlands nisten wahrscheinlich ungefähr 700 bis 800 Grünschenkelpaare, doch das Gros der weiter im Süden durchziehenden Vögel stammt aus Skandinavien, wo sage und schreibe 100000 Brutpaare zu Hause sind.

Zu den ersten Durchzüglern gehören im Spätsommer der Dunkle Wasserläufer (oben) und der Bruchwasserläufer.

Einen Vogel gibt es unter all den Arten am Fluß, den man wahrscheinlich des öfteren hören, aber nicht zu Gesicht bekommen wird: die scheue, wenig auffallende Wasserralle. Diese kleine, äußerst wendige Ralle bewohnt dicht bewachsene Feuchtgebiete, wo sie sich in der dichten Wasserpflanzenvegetation heimlich schleichend umhertreibt. Mit ihren langen, schlanken Beinen und Zehen ist sie ohne weiteres imstande, etwa auf im Wasser schwimmenden, faulenden Pflanzenresten entlangzulaufen, und dank ihres seitlich zusammengedrückten, fast schlangenartig geschmeidigen Rumpfes kann sie leicht zwischen dicht stehenden hohen Rohrhalmen oder anderen Wasserpflanzen hindurchschlüpfen. Sie hält sich nahezu ausschließlich im Schutz des Pflanzendickichts auf, wo man sie selten sieht. Infolgedessen ist sie den meisten Leuten gar nicht bekannt. Obgleich die Wasserralle auf den ersten Blick eher kraftlos wirkt und auch nicht besonders gut fliegen kann, ist sie unglaublich reaktionsschnell und vermag mit dem langen Schnabel blitzartig zuzustoßen. Ihre Nahrung besteht aus allen möglichen Wasserinsekten – Köcherfliegen, Libellen, Schwimm- und Landkäfern, Schnaken und vielen anderen. Obwohl sie auch Pflanzensprosse und -wurzeln nicht ganz verschmäht, ist sie in erster Linie Fleischfresser. Jedes Tier, sofern es eine gewisse Größe nicht überschreitet, ist eine willkommene Beute für die Wasserralle: Wasserspitzmäuse, Wühlmäuse, Frösche, kleine Fische, aus dem Nest gefallene Vögel, Vogeleier und Flußkrebse – sie verleibt sich buchstäblich alles ein. Diese größeren Tiere werden zunächst durch wiederholte Schnabelhiebe auf den Hinterkopf getötet und anschließend als Ganzes verschluckt.

Außerhalb der Brutzeit sind Wasserrallen ausgesprochene Einzelgänger. Sie leben zurückgezogen, begegnen ihren Artgenossen mit offener Feindseligkeit und verhalten sich auch anderen Wasservögeln gegenüber recht unduldsam. Selbst während der kalten Jahreszeit beanspruchen sie ein bestimmtes Territorium für sich allein. In jedem dieser »Reviere« befinden sich mehrere Gebiete mit reichem Nahrungsangebot, die besonders gern aufgesucht werden und untereinander durch deutlich erkennbare Pfade verbunden sind. Die Vögel bewegen sich innerhalb dieses Wegenetzes nach einem mehr oder weniger regelmäßigen Tagesplan. An diesem Beispiel zeigt sich einmal mehr, daß die Vögel sich während der schwierigen Wintermonate an festgelegten, arttypischen Verhaltensmustern orientieren und daß sie, wenn es ums Überleben geht, absolut nichts dem Zufall überlassen.

In den Monaten Juli und August rastet der Grünschenkel auf trockengefallenen ungestörten Schlammflächen.

Charakteristisch für die Wasserralle sind auch ihre lauten, weittragenden Rufe, ohne die man als Beobachter die Anwesenheit der Vögel in den meisten Fällen überhaupt nicht bemerken würde. Ihr umfangreiches Rufrepertoire umfaßt mißtönende Grunzlaute und quiekende, knurrende und brummende Töne, doch am häufigsten hört man eine bezeichnende Rufreihe, die mit langsam vorgetragenen kehligen Grunzern beginnt, sich dann allmählich steigert und mit einem furchterregenden Quieken abschließt, das sich anhört, als werde ein Schwein abgestochen. Diese merkwürdige Lautäußerung wurde oft als »furchterregend«, »herzzerreißend« und selbst als »diabolisch« bezeichnet, und falls man zur Schreckhaftigkeit neigt, kann einem das schrille Gekreisch, wenn man es in stiller Abendstunde unerwartet zu hören bekommt, wohl tatsächlich das Blut in den Adern gefrieren lassen.

Überall dort, wo am Fluß Feuchtwiesen und extensiv genutztes Weideland erhalten geblieben sind, begegnet man im Sommer gelegentlich der lebhaft gefärbten Schafstelze. Von Mitte April an erreichen die Vögel, die in Afrika südlich der Sahara den Winter verbracht haben, in mehreren aufeinander folgenden Zugwellen die Südküste Englands und verteilen sich von dort aus über die Wiesen und Weiden der tiefer gelegenen Landesteile.

Schafstelzen sind zierliche, ungemein hübsche Vögel. Das leuchtend bunte Brutkleid der Männchen kommt in der Zeit kurz nach der Ankunft am besten zur Geltung. Brust und Bauch leuchten dann so intensiv kanariengelb, daß es kaum noch zu überbieten ist. Der Flug der Schafstelze ist, ähnlich wie bei ihren Verwandten, leicht und mühelos. Die Vögel flattern rastlos umher, und wenn sie dabei auf den hin- und herschwankenden Blütenständen von Disteln oder Sauerampfer kurz zwischenlanden, spreizen sie, um das Gleichgewicht zu halten, jedesmal den schwarzen Schwanz und präsentieren dessen weiße Außenfedern. Sie sind hier in den Flußauen – nicht nur wegen der gelben Farbe – die Repräsentanten des Sommers schlechthin.

Schafstelzen halten sich, wie es ihr deutscher Name bereits andeutet, besonders gern auf Viehkoppeln und beweidetem Süßwassermarschland auf. Typisch für diese Lebensräume sind Sauerampfer, Disteln, Greiskrautarten und andere Hochstauden, die von Kühen und Schafen nicht gefressen werden und so als »Weideunkraut« stehen bleiben. Die Stelzen legen ihr Nest in flachen Bodenvertiefungen an, oft im Schutz einer dieser Pflanzen. Das männliche Tier verbringt während der Brutzeit den größten Teil des Tages mit der Bewachung von Nest und Gelege und sitzt dabei gern auf den Spitzen der meterhohen Stauden oder auf einem nahe gelegenen Zaunpfahl oder -draht. Das Lied der Schafstelze ist eher bescheiden, aber wer so ein auffälliges Federkleid besitzt, muß ja nicht auch noch gut singen können! Ein weitaus besseres Kennzeichen als der Gesang ist der bekannte »psiep«-Ruf, den die Vögel als Warn- und Kontaktruf, aber auch bei jeder anderen sich bietenden Gelegenheit ausstoßen.

Wie alle Stelzen ist auch die Schafstelze flink und wendig. Sie ernährt sich von Insekten, die sie im kurzen Gras erbeutet oder auch über kürzere Distanzen in schnellem, gewandtem Flatterflug verfolgt und in der Luft fängt. Am Boden läuft sie mit charakteristischen schnellen Trippelschritten. Sie sucht ihre Nahrung mit Vorliebe mitten zwischen den Weidetieren und macht sich dabei den Umstand zunutze, daß diese durch ihre Bewegung immer wieder Insekten aufscheuchen. Wenn die Brutsaison zu Ende ist, sammeln sich die Vögel in größeren Trupps und wandern dann überraschend plötzlich ab. Bis Ende August haben alle die Flußauen verlassen, die meisten von ihnen haben um diese Zeit unseren Breiten bereits endgültig den Rücken gekehrt und sind auf dem Weg nach Afrika.

An den ruhigeren Flußabschnitten, wo der Fluß besonders breit ist und die frisch austreibenden Stengel und Halme von Schilf, Rohrkolben, Teichsimsen und Igelkolben die nötige Deckung zur Anlage des Nestes bieten, kann man die hübschen Haubentaucher beobachten. Obwohl sie in der Regel vor allem größere offene Wasserflächen besiedeln, zum Beispiel ehemalige Kiesgruben oder Seen und Staubecken, findet man sie in letzter Zeit immer öfter auch an ungestörten Flußabschnitten. Die vielen Kiesgruben, die nach dem Zweiten Weltkrieg in England, aber nicht nur dort, entstanden sind, haben nämlich den potentiellen Lebensraum des Haubentauchers beträchtlich erweitert, und die Vögel haben darauf schnell mit einer deutlichen Bestandszunahme reagiert.

Der Haubentaucher hat es nicht nötig, sich zu verstecken – er hält sich statt dessen meist vor aller Augen auf dem offenen Wasser auf. Er ist vollkommen an das Leben im feuchten Element angepaßt: Die Beine setzen so weit hinten am Körper an, daß sie zwar ideal zum Schwimmen und Tauchen, zum Gehen aber nur sehr bedingt geeignet sind. Die Taucher kommen daher nur selten an Land, aber abgesehen von ihrem »Handicap« gibt es dafür auch überhaupt keinen Grund. Das Haubentauchernest, ein schwimmender, halb untergetauchter Haufen aus verrottenden Pflanzenteilen, wird an den neu austreibenden Sprossen der Wasserpflanzen befestigt. Es liegt in manchen Fällen gut versteckt, mitunter aber auch ganz offen am Rand des Schilfgürtels, wo es jeder einsehen kann.

Im Sommer führen viele Wasservogeleltern auf dem Fluß bereits ihre kleinen Jungvögel. Sie sind naturgemäß besonders bedroht, doch die Hauptgefahr für den Nachwuchs kommt in vielen Fällen nicht aus der Luft, sondern »von unten«. Der ärgste Feind junger Haubentaucher, aber auch junger Teichrallen, Bläßrallen und Enten ist nämlich der Hecht. Erwachsene Haubentaucher sind vor den Nachstellungen dieses Räubers sicher, und so haben sie besondere Verhaltensweisen entwickelt, die die Überlebenschancen der Jungtiere verbessern helfen: Während der ersten Lebenswochen beobachtet man häufig, daß die Küken von ihren Eltern auf dem Rücken mitgenommen werden, wo sie vor Unterwasserattacken sicher sind. Darüber hinaus teilen die beiden Brutpartner die Jungen eines Geleges unter sich auf, das heißt, jeder Altvogel übernimmt die alleinige Verantwortung für eines, zwei oder drei Kinder. Sind die Familienbande erst einmal zerschnitten, gewinnt die Beziehung zwischen dem einzelnen Elterntier und den Jungen, die es betreut, immer mehr an Bedeutung und wird schließlich stärker als die Bindung der Brutpartner untereinander, die zu Beginn des Fortpflanzungszyklus noch sehr viel enger war. Die Eltern haben von nun an keinen Kontakt mehr zu den Jungvögeln, die zur anderen Hälfte der Familie gehören. Nähert sich der Brutpartner oder »dessen« Jungtiere, reagieren die Taucher darauf sogar offen aggressiv. Selbst innerhalb des »eigenen« Teils der Familie wird ein Junges vom Elterntier bevorzugt behandelt; meist sind es die kräftigeren und am weitesten entwickelten – sehr zum Nachteil der übrigen Nestgeschwister. Uns mag dieses Verhalten grausam erscheinen, doch auf diese Weise hat zumindest ein Jungvogel jeweils die bestmöglichen Chancen, selbst das fortpflanzungsfähige Alter zu erreichen. Die übrigen bilden eine notfalls entbehrliche Reserve,

Die versteckt lebende Wasserralle zeigt sich nur selten im Freien.

An langsam fließenden, abseits gelegenen Abschnitten begegnet man dem Haubentaucher.

die im Kampf um das Überleben der Art, in dem das Schicksal einzelner Individuen ohne Bedeutung ist, auf der Strecke bleiben. Unter besonders günstigen Bedingungen können allerdings auch diese weniger Erfolgreichen überleben.

Ein adulter Haubentaucher benötigt Tag für Tag etwa 250 Gramm Nahrung, die bei ihm, anders als bei manchen kleineren Verwandten, in der Hauptsache aus Fischen besteht. Haubentaucher tauchen von der Wasseroberfläche aus und verfolgen ihre Beute mit kräftigen Schwimmstößen der mit besonderen Hautlappen versehenen Füße. Die Vögel bleiben normalerweise weniger als 30 Sekunden unter Wasser, wobei es gleichgültig ist, ob sie sich lediglich orientieren wollen oder ob sie tatsächlich jagen. Obwohl sie in Extremfällen offenbar eine Tauchtiefe von maximal 25 Metern erreichen können, spielt sich die Jagd unter normalen Umständen in Tiefen von zwei bis vier Metern ab. Haubentaucher haben sich vor allem auf verhältnismäßig langsame Fische wie Plötzen, Gründlinge, Barsche, Schleien und Rotfedern spezialisiert, erbeuten aber auch eine ganze Anzahl von Stichlingen und Elritzen. Kleinere Fische werden gleich unter Wasser gefressen, doch die größeren packen die Vögel direkt hinter dem Kopf und bringen sie mit an die Oberfläche, wo sie mit Hilfe des Schnabels so gedreht werden, daß sie lebend und mit dem Kopf voran verschluckt werden können.

»Eine Schwalbe macht noch keinen Sommer« lautet ein bekanntes Sprichwort, doch genau wie das Lied des Zilpzalps den nahen Frühling akustisch ankündigt, ist der Anblick der ersten Uferschwalben, die über dem Fluß hin- und herjagen, gewissermaßen ein optisches Signal dafür, daß der Winter endgültig seinen Rückzug angetreten hat. Uferschwalben sind Flußvögel par excellence, genauer: Vögel des Unterlaufs. Ihre enge Bindung an den Fluß hat erst in zweiter Linie mit der Nahrungsversorgung, vor allem aber mit dem Brutgeschäft zu tun. Es stimmt zwar, daß sie die fliegenden Insekten, die sie benötigen, über Wasserflächen ohne größere Mühe erbeuten können, aber das wäre anderswo fast ebenso gut möglich, und häufig genug jagen die Vögel ja auch weitab vom Wasser. Das eigentliche Problem besteht für die hochspezialisierten

Höhlenbrüter jedoch darin, senkrechte Steilwände mit weichem Lehm oder Sand zu finden, in denen sie ihre Brutröhren anlegen können, und solche Wände gibt es nun einmal vor allem am Unterlauf der Flüsse. Uferschwalben kehren Jahr für Jahr an den gleichen Flußabschnitt zurück, um dort ihre Jungen großzuziehen, und diese siedeln sich später meist nicht weit vom Ort ihrer Geburt an. Doch aufgrund der natürlichen Bedingungen müssen die Vögel bei der Wahl ihres Brutplatzes wohl oder übel flexibel sein. Steilufer sowie die Wände von Sand- oder Kiesgruben, die ebenfalls gerne bezogen werden, sind nach Ablauf eines Jahres häufig abgerutscht oder eingestürzt, so daß die Schwalben an anderer Stelle eine neue Kolonie gründen müssen.

Jedes Uferschwalbenpaar baut seine Brutröhre selbst. Die Vögel picken und hacken dabei mit den Schnäbeln, die nach menschlichem Ermessen erbärmlich schwach und für die Arbeit völlig ungeeignet zu sein scheinen, auf den weichen, sandigen Boden ein. Die gelockerte Erde wird mit den Füßen nach hinten befördert und aus dem Einflugloch hinausgescharrt. Beide Brutpartner haben mehrere Tage lang zu tun, bis die waagerechte, 60 Zentimeter bis einen Meter lange Röhre fertiggestellt ist. Die erweiterte Kammer, die sich an ihrem Ende befindet, erhält eine Innenauskleidung aus Grashälmchen und Federn, die die Tiere zuvor im Flug gesammelt haben. Die vier bis fünf weißen Eier werden etwa 14 Tage lang bebrütet. Uferschwalben ziehen normalerweise zweimal im Jahr Junge groß, die Brutzeit erstreckt sich daher bei ihnen bis weit in den Juli, manchmal sogar bis in den August hinein. Es gibt wohl kaum etwas Anmutigeres und Reizvolleres an den Flüssen des Tieflands als das lebhafte Kommen und Gehen an einer von Uferschwalben besiedelten Steilwand, das stets von den typischen, stimmlos tschirpenden Rufen untermalt ist.

Die Uferschwalbe ist als insektenverzehrende Art darauf angewiesen, daß ihr geeignete Beutetiere in ausreichender Menge zur Verfügung stehen, doch gemessen daran liegt der Ankunftstermin der Vögel erstaunlich früh. Oft herrscht bei der Rückkehr noch ausgesprochen launisches Aprilwetter, und die lang anhaltenden Kälteperioden, die in den letzten Jahren im April zu verzeichnen waren, haben möglicherweise zu dem merklichen Rückgang der Uferschwalbe beigetragen, den die Ornithologen seit einiger Zeit registrieren. Obwohl die Serie von kalten, nassen Frühjahren wahrscheinlich mit dazu beigetragen hat, sieht man die Hauptursache für diesen Trend heute mit ziemlicher Sicherheit in den Dürrekatastrophen, die in den südlich der Sahara gelegenen Überwinterungsgebieten seit 1968 regelmäßig auftreten. In neuester Zeit haben sich die hiesigen Populationen allerdings wieder leicht erholt, und so zählt die Uferschwalbe glücklicherweise an vielen Flüssen Großbritanniens auch heute noch zu den regelmäßig anzutreffenden Vogelarten.

Die in diesem Kapitel angesprochenen ökologischen Probleme stellen sich im dichtbesiedelten Mitteleuropa genauso, oft sogar noch drängender, als im traditionell vogelfreundlichen Großbritannien. So hat etwa der Lebensraumverlust, vor allem die Zerstörung der Feuchtgebiete, mittlerweile eine Dimension angenommen, die den Bestand vieler Wasservogelarten teilweise auf geringe Reste zusammenschrumpfen ließ. Als Beispiel seien hier nur die beiden bedeutendsten Flüsse der Bundesrepublik, der Rhein und die Elbe, erwähnt. Der Oberlauf des Rheins zwischen Basel und Mainz wurde bereits zwischen 1817 und 1874 begradigt und reguliert. Seine Altarme und flußnahen Feuchtgebiete, die heute als Brut- und Rasthabitate zum Teil internationale Bedeutung haben (z. B. Kühkopf- Knoblochsaue, Lampertheimer Altrhein, Taubergießen und andere), sind nur noch ein geringer Bruchteil dessen, was an Auwäldern, nassen Wiesen und ehemaligen Mäandern in allen Stadien der Verlandung einst vorhanden gewesen sein muß. Auch für den Menschen und seine ökonomischen Interessen haben derart massive Eingriffe in natürliche Ökosysteme meistens einschneidende Folgen. Hier ist es nicht anders. So sank etwa der Grundwasserspiegel im Hessischen Ried um bis zu acht Meter; weite Landstriche sind dort heute von der Versteppung bedroht.

Die Niederelbe erleidet in den letzten Jahren ein ähnliches Schicksal. Sie wurde und wird immer mehr zum »Vorfluter« für Kraftwerke und Industrie und zum Transportmittel für Müll und Abwässer degradiert. Außerdem wurden große Teile der außendeichs gelegenen Flußmarschen durch neue, höhere Deiche vom Fluß abgeschnitten, für Industrie und Verkehr geopfert, mit ausgebaggertem Hafenschlick überspült oder für die Intensiv-Landwirtschaft nutzbar gemacht. Die wenigen intakten Naturschutzgebiete und Rückzugsräume, die es an der Elbe zwischen Hamburg und Cuxhaven heute noch gibt, sind zwischen gigantischen Industriekomplexen eingezwängt und überdies durch Umweltgifte so stark belastet, daß sie ihrem eigentlichen Zweck immer weniger gerecht werden können. Zwei Zahlen mögen jedoch die immense Bedeutung veranschaulichen, die der Niederelberaum für Wasservögel immer noch hat: Hier überwintern bis zu 35 % des Weltbestandes an Zwergschwänen, und 25 % der Gesamtpopulation der Weißwangengans, das sind (1980) 15 500 Tiere, finden in den verbliebenen Vordeichländereien Rast- und Nahrungsplätze.

Bei den Schwänen liegen die Verhältnisse in der Bundesrepublik ähnlich wie in Großbritannien. Der Höckerschwan brütet fast überall an aufgelassenen Kiesgruben, an Flüssen und Seen und selbst in Stadtparks. Oft sind es halbzahme Vögel, die sich sehr an die Nähe des Menschen gewöhnt haben. Sing- und Zwergschwäne sind in Deutschland Durchzügler und Wintergäste, die man im Norden regelmäßig, weiter südlich jedoch nur in geringerer Zahl beobachten kann. Von der Kanadagans gibt es nicht nur eine englische, sondern auch eine (gleichfalls vor längerer Zeit eingebürgerte) skandinavische Population. Diese Vögel halten sich auf dem Zug gelegentlich als Gäste, vor allem im Küstenbereich, auf. Halbzahme Parkvögel brüten mancherorts in enger Nachbarschaft zum Menschen.

Zu den Enten wurde im ersten Kapitel bereits einiges gesagt. In der Bundesrepublik brüten neben der überall verbreiteten Stockente und den oben erwähnten Arten die Spieß-, die Löffel-, die Schnatter- und die Knäkente. Sie alle sind relativ selten, am seltensten wohl die Spießente, von der 1982 nur noch 10 bis 15 Paare gemeldet wurden. Die Brandente gehört zu den wenigen Vogelarten, die sich in letzter Zeit durch die inzwischen durchgesetzten Schutzmaßnahmen wieder erholen konnten. Sie kommt nur an den Küsten der Nord- und Ostsee und im Niederrheingebiet vor. Die hübsche Pfeifente ist weiter im Osten und Norden beheimatet, und zwar vom Norden der DDR, wo sie sehr selten ist, bis nach Ostasien. Außerdem bewohnt sie Skandinavien. Alle Häufigkeitsangaben beziehen sich natürlich nur auf die Brutverbreitung. Während der Zugzeiten trifft man die Tiere überall an geeigneten Rastplätzen, wo sie mitunter schon zu balzen beginnen und uns so einen kleinen Einblick in ihr Fortpflanzungsverhalten geben.

Ebenfalls regelmäßige und teilweise recht zahlreiche Durchzügler in Mitteleuropa sind die Limikolen, also Uferschnepfe, Kampfläufer, Bruch- und Waldwasserläufer, Grünschenkel und Dunkler Wasserläufer. Die beiden letzteren brüten in Deutschland nicht, die übrigen sind fast ausschließlich auf Schleswig-Holstein und Niedersachsen beschränkt.

Der Schilfrohrsänger ist in Deutschland sehr viel seltener als auf den britischen Inseln. Häufiger wird man an Flüssen im Brennesselgestrüpp dem oberseits einfarbig braunen Sumpfrohrsänger begegnen, dessen Gesang noch beeindruckender und vielseitiger als der des Schilfrohrsängers ist.

Haubentaucher, Wasserralle, Schafstelze und Uferschwalbe findet man überall da, wo geeignete Lebensräume vorhanden sind. Alle diese Arten leiden zunehmend unter Wohnungsnot. Die Uferschwalbe konnte vielfach auf Kies- und Sandgruben ausweichen. Kopfstarke Kolonien befinden sich auch an den Steilküsten der Ostsee, also in einem natürlichen Biotop.

Die Teichralle kennt wohl jeder; sie ist auch in Deutschland zum Kulturfolger geworden. Den Eisvogel bekommt man dagegen sehr viel seltener zu Gesicht. Er zählt in der Bundesrepublik zu den bedrohten Arten. Kalte und schneereiche Winter wie beispielsweise 1962/63 und 1984/85 können den Eisvogelbestand fast zum Erlöschen bringen, und es dauert lange, bis er die frühere Größe wieder erreicht.

Sehr selten geworden sind auch die Höhlenbrüter Steinkauz und Hohltaube, da ihnen alte Bäume fehlen, in denen sie ungestört ihre Jungen großziehen können. Die Hohltaube zeigt sich im Herbst zusammen mit Ringeltauben auf den abgeernteten Feldern. Wer genau beobachtet, erkennt sie am Fehlen der weißen Hals- und Flügelmarken und an der etwas geringeren Größe.

Im Stadtgebiet

Seite 86/87:
Das Vogelleben am Fluß ist in der Stadt oft ebenso vielfältig wie in ländlicher Umgebung.

Nirgendwo ist der Fluß in seinem Bett derartig eingeengt und nirgends muß er sich den menschlichen Bedürfnissen so sehr anpassen wie in der Stadt. Wie tiefgreifend die Regulierungsmaßnahmen im einzelnen sind, das ist von Fall zu Fall verschieden: Von den betroffenen Städten hat jede für ihren Fluß eine eigene Lösung gefunden. Doch ganz gleich, an welchem innerstädtischen Flußabschnitt man sich aufhält – von bloßen Abflußrinnen oder extrem verschmutzten Strecken abgesehen, wird man dort immer auch Vögel antreffen, die sich den Fluß auf irgendeine Weise zunutze machen.

Was dem Beobachter in der Stadt als erstes auffällt, ist die Tatsache, daß die enge Nachbarschaft zum Menschen vielen Vögeln gar nichts ausmacht, sofern ihnen nur genügend Nahrung zur Verfügung steht und sofern sich geeignete Brutplätze finden lassen. Unzählige Vögel leben »Tür an Tür« mit den Menschen. Sie tun das freiwillig, und der Erfolg gibt ihnen recht, was man mit zahlreichen Beispielen belegen kann. Wenn man die gleichen Arten zuvor in ihrem ursprünglichen Lebensraum in freier Natur kennengelernt hat, kann man dies zunächst kaum glauben. Doch Vogelarten, die sich außerhalb der Städte durchweg heimlich und menschenscheu verhalten, zeigen sich in der Stadt oft völlig vertraut – die Stockente, die Teichralle und die Ringeltaube sind bestens bekannte Beispiele dafür.

Der Severn passiert auf seinem reizvoll geschwungenen Lauf die Städte Shrewsbury, Gloucester und Worcester mit ihren alten Kathedralen. Er ist im Bereich dieser Orte noch weitgehend ungestört und beherbergt ein reiches Vogelleben. Glücklicherweise berührt er nirgendwo die hochindustrialisierten Ballungsräume und bleibt daher von den zerstörerischen Auswirkungen verschont, unter denen die meisten anderen größeren Flüsse zumindest streckenweise zu leiden haben. Er hat statt dessen überall seinen naturnahen Charakter behalten, wie man es sich von einem Fluß, den man pfleglich und umsichtig behandelt hat, nicht besser wünschen kann.

Wo immer der Severn an den oberen Abschnitten eines der kleinen Städtchen erreicht, nehmen die Vögel kaum Notiz davon, daß sich ihre Umgebung an der Stadtgrenze plötzlich verändert. Hier patrouillieren Wasseramseln laut rufend stromauf und stromab, und wo die Strömung weniger stark ist, gehen Höckerschwäne, Stockenten, Teichrallen und selbst Kormorane der Nahrungssuche nach. Gebirgsstelzen und Eisvögel leben und jagen hier, und Fischotter schwimmen regelmäßig bis in die Innenstadt, wo sie unter den Brücken gern eine Pause einlegen, um an den Steinblöcken am Ufer ihre Duftmarken zu hinterlassen.

Im Winter säubert der Hochwasser führende Fluß selbst sein steiniges Bett; Treibgut und alles, was von der im Sommer üppig sprießenden Ufervegetation übriggeblieben ist, reißt er mit sich fort. Danach sind die Ufer wieder blitzblank und aufgeräumt, und das Wasser kann ungehindert abfließen. Im Sommer wirkt er dagegen völlig anders. In den ausgedehnten Flachwasserzonen wachsen hohe schlanke Schilfhalme, die in den Fugen und Spalten des steinigen Gewässergrunds wurzeln und die spiegelnde Wasseroberfläche in Ufernähe mit einer ganzen Kette von Schilfinseln überziehen, deren Halme und Rispen sich im Sommerwind bald nach der einen, bald nach der anderen Seite neigen. Leuchtend gelbe Sumpfdotterblumen und ebenfalls gelbblühende Hahnenfußarten säumen die Uferlinie. Etwas später im Jahr treten die hohen schlanken Blütenstengel des Wasserdosts und die auffallend purpurroten Kerzen des Blutweiderichs an ihre Stelle.

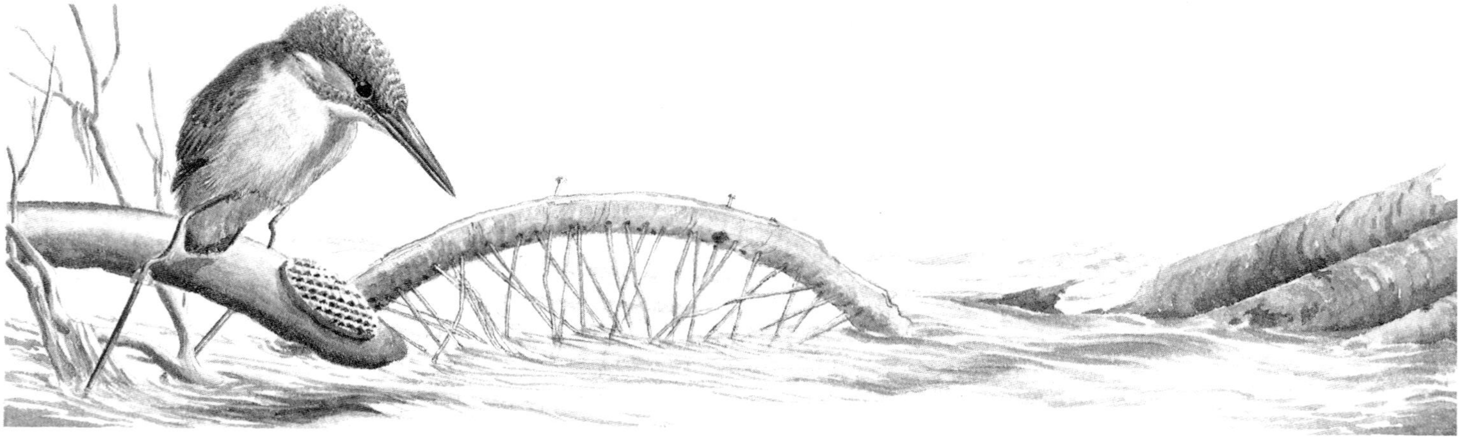

Dem Eisvogel ist es gleichgültig, wie seine Sitzwarte aussieht; nur an der richtigen Stelle muß sie sich befinden.

Im Sommer ist der Tisch für die Bachstelze reich gedeckt.

Von Mai oder Juni an nimmt auch die eigentliche Fließrinne ein anderes Aussehen an. An den flacheren Stellen bedeckt sich die Wasseroberfläche mit flutenden Teppichen, die von den frischen grünen Sprossen und Schwimmblättern des Wasserhahnenfußes gebildet werden. Wenige Zentimeter über dem Wasser erscheinen bald darauf Tausende von wunderschönen kleinen weißen Blüten und zaubern ein herrliches Muster auf den grünen Untergrund. All die zierlichen Blütenkelche bewegen sich sanft in der Strömung, und vor diesem farbenfrohen Hintergrund huschen Bachstelzen in tanzendem Flatterflug hin und her und schnappen den lieben langen Tag von früh bis spät Insekten von der spiegelnden, funkelnden Wasseroberfläche.

Das seichte Wasser erwärmt sich rasch, und von morgens bis abends spielen überall am Fluß Kinder. Wenn sie nach Hause müssen, nehmen Angler ihren Platz ein, die in der Dämmerung an den Kolken und Buchten ihre Köder auswerfen. Die Bachstelzen lassen sich als erfahrene Stadtbewohner von dem Treiben der Menschen nicht abschrecken, denn sie betrachten diesen seichten Flußabschnitt mit seinen Myriaden von Insekten mit dem gleichen Recht als ihr Eigentum. Sollte es am Fluß einmal allzu hoch hergehen, suchen sie sich ihr Futter auf den kurzgeschorenen Rasenflächen im Stadtpark, indem sie im Flatterflug Insekten aus der Luft erhaschen oder nach einem Kurzstreckensprint aus dem niedrigen Gras aufpicken. Ihr Nest steht am Flußufer in einem unzugänglichen, störungsfreien Winkel: Sie haben es in die Uferbefestigung hineingebaut, die an dieser Stelle aus einer mit Maschendraht gesicherten Steinpackung besteht.

Bachstelzen sind zu echten Kulturfolgern geworden. Sie profitieren weit mehr als die übrigen Stelzen von ihrer engen Bindung an den Menschen. Obgleich sie sich häufig am Wasser aufhalten, sind sie nicht, wie etwa die Gebirgsstelze, unbedingt auf den Fluß angewiesen. Sie kommen auf Bauernhöfen, Sportplätzen und in Gärten ebenso gut zurecht. Damit gehört die Bachstelze zu den Arten, die sich an das Leben in der Stadt besonders gut angepaßt haben. Ähnlich wie die Stare haben sie längst herausgefunden, wie und wo sie in der Stadt satt werden können. Außerdem wissen sie, daß es im Winter oft vorteilhaft ist, sich einen Schlafplatz in der Stadt zu suchen, wo die Temperatur, wenn es draußen richtig kalt wird, meistens ein oder zwei Grad höher liegt als außerhalb. Das kann unter Umständen lebenswichtig sein. Häufig findet man kopfstarke Schlafgemeinschaften dieser Vögel inmitten der Ballungsgebiete in Gebäuden oder auf Bäumen. Manchmal übernachten sie selbst innerhalb von Fabriken, Bahnhöfen und Gewächshäusern!

Im Winter gehen die hellen Stunden des Tages im Nu vorüber, darum muß die Nahrungssuche der Bachstelzen räumlich und zeitlich exakt abgestimmt sein – Zeit- und Energieverschwendung können sie sich nicht leisten. Kürzlich wurde nachgewiesen, daß Bachstelzen im wesentlichen zwei alternative Strategien entwickelt haben, um das Problem der Futterversorgung im Winter zu lösen: Entweder sie tun sich zu größeren Gesellschaften zusammen und konzentrieren sich bei der Nahrungssuche auf besonders ergiebige Stellen wie Kläranlagen, überschwemmte Wiesen und Müllhalden, zwischen denen sie je nach Bedarf hin- und herwechseln, oder sie beanspruchen, genau wie zur Brutzeit, ein eigenes Revier, das dann allerdings immer am Fluß liegt. Diese Nahrungsreviere werden gegen andere Artgenossen, aber auch gegen jeden eindringenden artfremden Vogel verteidigt, sofern es sich dabei um Insektenfresser handelt. Worin liegt nun das Erfolgsgeheimnis dieser territorialen Strategie in einer Zeit, in der Insekten extrem selten sind? Nun, der Fluß schwemmt immer wieder winzige Insekten an, und diese Nahrungsquelle versiegt auch im Winter nicht ganz.

Bachstelzen vertreiben auch artfremde Insektenfresser wie den Wiesenpieper aus ihrem Revier.

Jede Bachstelze sucht ihren Uferabschnitt systematisch ab. Sie bewegt sich dabei nicht fliegend, sondern laufend. So entdeckt sie jeden verwertbaren Bissen, den die Strömung am Spülsaum abgelagert hat. Hat der Vogel die Strecke einmal abgelaufen, ist dort praktisch nichts Freßbares mehr vorhanden, doch bis das Tier seinen Streifzug beendet hat und wieder an den Ausgangspunkt zurückgekehrt ist, hat der Fluß in der Regel neues Futter herangetragen, das den Ansprüchen des Vogels gerade eben genügt. Von entscheidender Bedeutung ist dabei natürlich die Größe des jeweiligen Territoriums. Jeder insektenverzehrende Vogel, der in dieses Revier eindringt – andere Bachstelzen, Gebirgsstelzen, Heckenbraunellen oder Wiesenpieper – stört das fein abgestimmte System von Angebot und Nachfrage und muß daher sofort vertrieben werden. Grenzstreitigkeiten sind also an der Tagesordnung, aber sie kosten eine Menge Energie, und das ausgerechnet in einer Jahreszeit, in der die Energiebilanz des Vogels nur unter großen Mühen ausgeglichen werden kann. Unsere Bachstelze muß, um ihren normalen täglichen Energiebedarf zu decken, die hellen Tagesstunden zu etwa 90 % ausschließlich zur Nahrungsaufnahme nutzen.

Falls das Nahrungsangebot im Revier nicht mehr ausreicht, wandert der Revierinhaber ab und schließt sich zeitweise einem größeren Trupp an. Kommt es dagegen am Flußufer, zum Beispiel während einer milden Witterungsperiode, zu einem Nahrungsüberschuß, ist der »Hausherr« erstaunlicherweise durchaus bereit, einem zweiten Vogel Gastrecht zu gewähren und diesen ein paar Tage lang an dem Segen teilhaben zu lassen. Solche »Kostgänger« werden später, wenn es die Umstände erfordern, wieder vertrieben. Diese ungewöhnliche Art der Gastfreundschaft bietet dem Revierinhaber tatsächlich nur Vorteile: Der zweite Vogel hilft bei der Verteidigung des Territoriums, der Revierinhaber kann sich somit vergleichsweise länger der Nahrungssuche widmen und selbst mehr Nahrung aufnehmen.

Der Bachstelze begegnet man innerhalb menschlicher Siedlungen nicht gerade selten, doch in den meisten Städten ist die Stockente mit großem Abstand der häufigste Wasservogel. Viele dieser »Stadtenten« stammen vermutlich von Gefangenschaftsflüchtlingen oder von »Ziergeflügel« ab, das man irgendwann auf Stadtweihern oder Parkteichen ausgesetzt hat. In jedem Fall

Die Stockente ist die häufigste und bekannteste Ente – nicht nur in der Stadt.

geht es der allbekannten und beliebten Ente innerhalb der Stadtmauern ausgesprochen gut. Sie besitzt das größte geschlossene Verbreitungsgebiet unter allen europäischen Entenarten, ihre Biologie ist daher besser bekannt als die ihrer Verwandten. Stockenten kann man in Europa mit Ausnahme der Zentren von Industrie- und Gewerbeflächen sowie der ungastlichen Gipfelregionen der höheren Gebirgszüge buchstäblich überall antreffen.

Sobald die Temperatur in Bodennähe oberhalb des Gefrierpunktes liegt, beginnen die Vögel mit der Brut. Die ersten Gelege kann man bereits von Ende Februar, in Mitteleuropa vom März an finden. Da der Deckungsgrad der Bodenvegetation im Vorfrühling noch sehr gering und der Verfolgungsdruck seitens der Füchse und Krähen erheblich ist, bleiben diese zeitigen Brutversuche, sofern sie außerhalb der Stadt stattfinden, häufig erfolglos. Die Stadtbewohner unter den Stockenten, denen Auseinandersetzungen mit Feinden weitgehend erspart bleiben, sind im zeitigen Frühjahr weitaus besser dran. Das Nest befindet sich in der Regel am Boden zwischen Adlerfarn, Brombeerranken oder Brennesseln, wo die düsteren Brauntöne des Federkleids dem brütenden Weibchen optimalen Sichtschutz verleihen. Mitunter entscheidet sich die Ente jedoch für einen ganz anderen Nistplatz – Stockentengelege zwischen den Ausschlägen einer Kopfweide, in größeren Baumhöhlen oder ausgefaulten alten Bäumen sind keine Seltenheit. Solche Neststandorte sind für Feinde schwieriger erreichbar, und die Chance, daß die Brut erfolgreich abgeschlossen werden kann, erhöht sich beträchtlich. Ein Bauer in meiner Nachbarschaft, der im Frühjahr auf seinem Grund und Boden regelmäßig die Rabenkrähennester kontrolliert, schoß neulich von unten in ein solches Nest, das sich hoch oben in einem Baum befand. Er staunte nicht schlecht, als sich daraufhin nicht etwa eine Krähe, sondern ein Stockentenweibchen Hals über Kopf aus dem Staub machte. Später stellte sich zum Glück heraus, daß das Gelege unbeschädigt geblieben war. Das Nest stand sage und schreibe 14 Meter hoch! Das ist selbst für eine Stockente, von der man in dieser Hinsicht einiges gewohnt ist, rekordverdächtig.

Auf den noch unbelaubten Erlen im Herzen der Stadt sammeln sich Amseln (links), Buchfinken (fliegend und rechts) und Haussperlinge.

Die jungen Stockenten verlassen das Nest bereits am ersten Tag, ganz gleich, wo es sich befindet. Es wäre also sicher hochinteressant gewesen, den Absprung der eintägigen Dunenbällchen von dem besagten Krähennest zu verfolgen.

Die Paarbildung erfolgt bei der Stockente bereits im September. Die Partner bleiben dann so lange zusammen, bis es – im folgenden Frühjahr – zur eigentlichen Paarung und anschließend zur Eiablage kommt. Der Erpel hat jetzt seine Aufgabe erfüllt und ist am weiteren Fortgang des Brutzyklus nicht mehr beteiligt. Bei den meisten Vogelarten ist es von entscheidender Bedeutung, daß die Brutpartner auch während der Jungenaufzucht zusammenbleiben, bei der Stockente (und den meisten übrigen Enten) lockert sich die Paarbindung jedoch schnell, und der Erpel zieht sich auf den nächstgelegenen Fluß oder auf einen Parkteich zurück. Dort findet er Anschluß an die übrigen Männchen und führt mit ihnen während des gesamten Frühlings und Sommers ein Junggesellenleben ohne lästige Pflichten – Nahrung ist ja jetzt reichlich vorhanden, und das Leben ist geradezu bequem. Zählt man in dieser Zeit die Stockentenerpel, erhält man einen recht guten Überblick über die Gesamtzahl der Bruten, die in dem jeweiligen Gebiet stattfinden.

In den innerstädtischen Bereichen konzentrieren sich die Stockenten vor allem an größeren Wasserflächen oder Flüssen; an kleineren Fließgewässern setzt sich die Vogelwelt dagegen ganz anders zusammen. Ein solcher kleinerer Fluß, eigentlich noch ein Bach, ist der Rae, der mitten durch Birmingham fließt. Der Rae ist kein sauberer Wald- oder Wiesenbach wie viele andere, denn von seinem knapp 20 Kilometer langen Lauf von der Quelle bis zur Mündung in den Fluß Tame führen nicht weniger als 16 Kilometer durch das unübersehbare Häusermeer der Millionenstadt beziehungsweise durch deren Vororte. Birmingham, nach London das zweitgrößte Ballungszentrum des Landes, wuchs und entwickelte sich zu beiden Seiten dieser unscheinbaren Wasserader. Heute grenzt der Rae links und rechts unmittelbar an Wohnblocks, Fabriken, Lagerhäuser und mehrspurige Schnellstraßen und kann somit als Musterbeispiel für innerstädti-

sche Fließgewässer mit allen negativen Konsequenzen gelten, die damit einhergehen. Normalerweise würde man nicht erwarten, an einem solchen Fluß überhaupt irgendwelche Tiere oder Pflanzen zu finden. Und doch gibt es selbst hier, allen Widrigkeiten zum Trotz, eine artenreiche Lebensgemeinschaft, die sich aus ganz verschiedenen Elementen zusammensetzt.

Den winzigen Zaunkönig findet man am Ufer im Gesträuch und zwischen freigespülten Baumwurzeln.

Der kleine Fluß entspringt in den *Lickey Hills* und fließt von dort ein Stück weit durch offenes Land. Doch damit ist es bereits nach gut drei Kilometern vorbei; von nun an durchquert er zunächst den Vorort Longbridge und passiert anschließend das riesige Gelände der Leyland-Autowerke. Inmitten des Lärms und der fieberhaften Betriebsamkeit, die hier im Herzen eines der klassischen Industriegebiete rund um die Uhr herrschen, hält der Rae für den Vogelbeobachter die erste Überraschung parat, denn hier, im Stadtteil Millwalk, befindet sich eine kleine Staustufe – die einzige weit und breit. Bevor das Wasser diesen niedrigen Absatz und die daneben angelegte Fußgängerbrücke passiert, fließt es durch das Gelände eines weiteren großen Industriebetriebs, wo sich am Ufer links und rechts kurzgeschorene Rasenflächen ausdehnen. Doch auf einer Seite der kanalisierten, schnurgeraden Fließrinne ist eine Reihe alter Erlen erhalten geblieben. Diese Bäume standen hier schon lange bevor das Werk errichtet wurde. Buchfinken, Amseln, Haussperlinge und selbst Birkenzeisige kommen hierher. Sie rasten in den Zweigen und fliegen zum Trinken ans Ufer hinunter. Unterhalb der Staustufe durchschneidet der Fluß eine mehrere hundert Meter lange und zu beiden Seiten 20 bis 30 Meter breite Wiese, auf der Weißdorngestrüpp, einzelne Besenginsterbüsche, Weidenröschen und größere Brennesselbestände wachsen. Das Stückchen Grün bildet mitten in der ansonsten strikt nach dem Reißbrett bebauten Stadtlandschaft einen schmalen, herrlich ungepflegten Korridor, der völlig sich selbst überlassen bleibt. In den dichten Sträuchern brüten Heckenbraunellen, Amseln und Zaunkönige, an den teilweise abgestorbenen Bäumen stellt sich der Buntspecht ein, und im durchsonnten, aber verrußten Blattwerk tanzt im Sommer das Waldbrettspiel, ein zierlicher, zu den Augenfaltern gehörender Schmetterling.

An der Stelle, an der der Fluß die Fußgängerbrücke unterquert und sich über die niedrige Betonmauer ergießt, erreicht er zeitweise eine Breite von drei bis vier Metern. Das Wasser ist seicht, und der Grund ist steinig. Hier halten sich regelmäßig einige Bachstelzen auf, zu denen sich im Winter oft noch eine oder zwei Gebirgsstelzen gesellen. Beide Arten sammeln am steinigen Spülsaum die Insekten ab, die die Strömung heranträgt. Erstaunlicherweise sieht man hier während der kalten Jahreszeit manchmal auch Wasseramseln, bei denen es sich vermutlich um umherstreifende Jungvögel handelt. Obwohl der kleine Wasserlauf mitten im Stadtgebiet liegt, leben am beziehungsweise im Wasser Köcherfliegen, Eintagsfliegenlarven und Steinfliegen in großer Zahl, daneben gibt es eine Fülle weiterer wirbelloser Wassertiere. Wendet man einen der zerbrochenen Ziegelsteine oder zerschlagenen Dachziegel um, die am Grund liegen, findet man diese Insekten fast überall. Sie machen übrigens keinen Unterschied zwischen künstlich hergestellten Steinen und natürlichen Bachkieseln.

Eineinhalb Kilometer flußabwärts mäandriert der Rae, jetzt nur 1,50 Meter bis zwei Meter breit, auf einer Strecke von 400 Metern an mehreren Sportplätzen vorbei. Wenn man den Fluß so anschaut, gewinnt man den Eindruck, daß dieses Teilstück niemals reguliert oder begradigt worden ist. Eine Reihe alter Weiden, Ulmen – letztere zumeist bereits abgestorben – und gedrungen wachsender Erlen säumen den vielfach gewundenen Flußlauf. Das diesseitige Ufer ist baumlos und sonnig; hier erstreckt sich zwischen dem Sportplatz und dem Wasser ein grasbewachsener, gerade abgegrenzter Saum, der nicht gemäht wird. Auf der gegenüberliegenden Seite bedeckt ein dichter Teppich aus Efeu den Boden, dessen Ausläufer mit ihren Haftwurzeln am Zaun und an den Bäumen emporklettern. Unter dem Blätterdach herrscht ein schattiges Halbdunkel, und darüber lastet der dunkle Schatten einer grauen, fensterlosen Fabrik, die unzugänglich hinter dem hohen Zaun nur 20 Meter vom Wasser entfernt liegt. Die hohe Wand schneidet den Fluß von seinem Hinterland ab und verstellt den Blick vollkommen. Die Fabrik speit 24 Stunden am Tag Lärm, zischenden Dampf und schmutzige Rauchwolken aus. An den freigespül-

Kohlmeisen und Rotkehlchen sind häufige Gäste in den Bäumen am Fluß.

ten Wurzeln der Uferbäume, an herabgefallenen Zweigen und überhängenden Weißdornbüschen sind bei Hochwasser treibende Plastiktüten hängengeblieben, die noch immer hoch über dem Wasser im Wind flattern.

Wenn er wenig gestört wird, zeigt sich der scheue Zwergtaucher auch mitten in der Stadt.

Zwischen all diesem Unrat beherbergt der Rae ein besonderes Juwel, denn hier, unter den Efeuranken, am jenseitigen Ufer einer Flußbiegung, brütet tief im Innern der steilen Uferwand der Eisvogel. Auf dem schleimig-grünen Moosteppich liegt ein wenig rote Erde, die die Vögel beim Bau der Röhre aus dem Einflugloch gekratzt haben. Dieser kleine rote Fleck verrät dem Beobachter, wo sich das Nest befindet. Außer einer artenreichen Insektenfauna muß es also im Rae auch Fische geben, und zwar immerhin so viele, daß zwei erwachsene und etliche junge Eisvögel hier im Herzen der Stadt satt werden können. Genügend abgestorbene Äste als Sitzwarten sind ebenfalls vorhanden, doch der Lieblingsplatz der Vögel befindet sich gleich unterhalb des Nesteingangs – es handelt sich um nichts anderes als um ein halb untergetauchtes rotes Fahrradschutzblech, das mitten im Wasser liegt. Solcher Müll, der die Flüsse in der Stadt an allen Ecken und Enden »ziert«, mag für das menschliche Auge eine Beleidigung sein, doch dem Eisvogel geht es ganz und gar nicht um die Ästhetik. Ihm ist es völlig gleichgültig, wie seine Sitzwarte aussieht, wenn sie nur haltbar genug ist und sich an der richtigen Stelle befindet.

Gerade eben erscheint einer der Eisvögel an der Flußbiegung. Schnell und niedrig über dem Wasser kommt er herangeflogen und landet auf dem Schutzblech. Laut ertönt ein doppelter Pfiff, mit dem er der Partnerin seine Ankunft mitteilt und gleichzeitig sein Revier akustisch markiert. Das Weibchen schlüpft daraufhin aus dem Röhreneingang, setzt sich ebenfalls kurz auf das rote Schutzblech, schüttelt sich und entfernt sich dann flußabwärts. Der Eisvogelmann beobachtet, wie seine Partnerin abfliegt, fliegt dann selbst zum Steilufer und verschwindet im Innern der Bruttröhre.

In der Nähe liegt das ehemalige Wasserrückhaltebecken von Wychell. Das viereinhalb Hektar große Sumpfgebiet ist heute mit Weidendickichten und Rohrkolben bewachsen, dazwischen schwappt ölig-schwarzes Wasser. Das Becken ist von einem halbverfallenen Damm umgeben, und die erhöhte Uferböschung des Rae bildet die Südgrenze. Eingezwängt zwischen einer Eisenbahnlinie, einer Autostraße, Wohnblocks und riesigen Industrieanlagen bietet das Gelände wahrhaftig keinen erfreulichen Anblick, doch als Vogelbiotop ist das nicht mehr genutzte Feuchtgebiet mitten in der Stadt Gold wert. An sonnigen, klaren Tagen im Februar erklingen im Weiden- und Brombeergestrüpp die ersten, noch leisen und unvollständigen Kohlmeisen- und Rotkehlchenstrophen. Ein Grünfinkenschwarm fliegt von einem Baum zum andern, Amseln huschen dicht über dem Boden aus einem Busch und suchen sofort wieder Deckung, Rohrammern, Heckenbraunellen, Blaumeisen, Ringeltauben und Stare vervollständigen das geschäftige Treiben. Und da erhebt sich doch tatsächlich eine Bekassine vom nassen, versumpften Boden und sucht im Zickzackflug über die Bahngeleise hinweg das Weite. Der Sperber jagt regelmäßig in dieser kleinvogelreichen Enklave, und auch die Wasserralle ist hier mit Sicherheit häufig anzutreffen, denn das Gebiet ist für sie ideal.

Das Weidengestrüpp bildet zusammen mit dem Schilf- und Rohrkolbengürtel eine Pufferzone, die den schwarzen, übel aussehenden Tümpel nach außen abschirmt. Die offene Wasserfläche wurde als wilde Müllkippe für alle möglichen Überreste der Wohlstandsgesellschaft benutzt. Sie ist buchstäblich übersät mit alten Kinderwagen, Stühlen, Einkaufswagen aus dem Supermarkt, Reifen, Autotüren, Ölfässern und ähnlichem Brimborium. Auf den ersten Blick wirkt sie absolut steril und abstoßend. Man gewinnt den Eindruck, das Wasser müsse verseucht sein, doch das Gegenteil ist der Fall, denn auf dem etwa drei Viertel Hektar großen offenen Wasser leben im Winter bis zu 30 Bläßrallen und mehrere Teichrallen. Die Bläßrallen bleiben zum Teil ganzjährig hier und schreiten im Frühjahr auch zur Brut. Selbst hier, im finstersten und dreckigsten Winkel der Stadt, ist der Tümpel biologisch immerhin noch so aktiv, daß die Vögel ihr Auskommen finden.

Früher diente das Wasserrückhaltebecken dazu, den Wasserstand in den städtischen Kanälen auszugleichen. Es wurde seinerseits über einen Zulauf aus dem Rae nach Bedarf aufgefüllt. Diese städtischen Kanäle sind Teil eines alten Wasserstraßennetzes, das ganz Mittelengland durchzieht. Sie spielten ehedem als Transportwege eine entscheidende Rolle, und obwohl sie für den Verkehr längst ihre Bedeutung verloren haben, wurden sie nicht zugeschüttet. Heute sind die schnurgeraden Kanäle, die sich an manchen Stellen zu breiten Wasserbecken erweitern, beliebte Angelreviere, und sofern der Mensch nicht allzu sehr in den Vordergrund tritt, leben dort auch einige Wasservögel. Es sind vor allem Stockenten, Teichrallen, Lachmöwen, Höckerschwäne und hin und wieder einzelne Reiherenten, die die Kanäle bevölkern. Darüber hinaus kann man hier den winzigen Zwergtaucher beobachten. Mit ihrem niedrigen Wasserstand und dem schlammbedeckten Grund sind die Kanäle für den Zwerg unter den Tauchern ein ideales Jagdrevier, denn er holt sich die Insektenlarven, Krebstiere und kleinen Fische, von denen er sich ernährt, ungern aus größeren Wassertiefen. Der Zwergtaucher liegt beim Schwimmen relativ hoch im Wasser und taucht mit einem eleganten kleinen »Kopfsprung« von der Oberfläche aus. Er ist ein Meister in der Kunst, sich unsichtbar zu machen. Bei Störungen versteckt er sich blitzschnell in der Ufervegetation und bleibt dort, falls nötig, längere Zeit.

Natürlich gibt es auch am Rae Abschnitte, an denen Beton und Stein das Bild bestimmen und Bäume und Sträucher, ja selbst krautige Pflanzen, vollkommen fehlen. Eine dieser Flußstrecken beginnt an der *Fazeley Street.* Hier gurgelt das Wasser durch einen aus Ziegelsteinen gemauerten Kanal, dessen senkrechte Wände über sechs Meter hoch und oben teilweise mit einer Bogendecke abgeschlossen sind. Hier hat der Mensch den Fluß in ein enges Korsett, eine häßliche, zweckrationale Fließrinne ohne Licht und Luft gezwängt, aber eine absolute Kontrolle ist trotzdem nicht möglich, denn von Zeit zu Zeit wehrt sich der Rae – er schlägt zurück. Da es am Ufer kein Fleckchen natürlichen Bodens und keinen Uferstreifen gibt (und sei er auch noch so schmal), kann der Fluß bei Hochwasser nirgendwohin ausweichen. Notgedrungen wird der kanalisierte Wasserlauf zum reißenden Wildbach, dessen Pegel innerhalb von 20 Minuten um fast zwei Meter steigen und alles, was nicht niet- und nagelfest ist, mit sich reißen kann. In solchen Situationen hat das unscheinbare Flüßchen sogar schon Menschenleben gefordert. Mehrmals sind Kinder, die beim Spielen ahnungslos in den Tunnel hineinwateten, in den rasch ansteigenden Fluten ertrunken.

Das einzige, was an dieser Kanal- und Tunnelstrecke darauf hindeutet, daß der Fluß Verbindung zur freien Natur hat, sind kleine Haufen aus Stöckchen und Blättern, die von der Strömung gegen die Brückenpfeiler gedrückt werden und dort eine Zeitlang hängenbleiben. Der Fluß selbst entzieht sich an dieser Stelle dem Blick, denn nach der nächsten Biegung schluckt ihn ein dunkler Tunnel. Doch selbst in dieser extrem lebensfeindlichen Umgebung kommt das Vogelleben am Wasser nicht ganz zum Erliegen: Haussperlinge und verwilderte Stadttauben fliegen von den hohen Begrenzungsmauern hinunter ans Wasser, um zu trinken und zu baden. Die Angestellten, die den Kanal aus ihren Bürofenstern von oben gut einsehen können, schwören Stein und Bein, daß im Sommer sogar der Eisvogel dort entlangpatrouilliert. Hin und wieder kann man den blauirisierenden Vogel aus der dunklen Tunnelröhre hervorschießen sehen. Anschließend fliegt er pfeilschnell unter der Brücke hindurch, folgt der Flußbiegung und nimmt Kurs auf den einladenderen offenen Flußabschnitt 400 Meter weiter abwärts.

Der bekannteste und beliebteste Vogel unter den Bewohnern der Flüsse ist ohne Frage der Höckerschwan. Das ist in Großbritannien nicht anders als in Deutschland und anderswo. Auf den britischen Inseln ist er der größte Vogel überhaupt; in der Bundesrepublik erscheint in strengen

Wintern die Großtrappe, die in der DDR noch in kleiner Zahl brütet. Großtrappenhähne können noch größer und schwerer werden als Höckerschwäne und verweisen damit den eleganten weißen Schwimmvogel – für den mitteleuropäischen Bereich – auf Platz zwei. Zwei weitere Superlative treffen jedoch in jedem Fall auf den Höckerschwan zu: Er ist der König der Vögel, was man sowohl auf seine Anmut und seine makellose Erscheinung als auch auf seine Rolle in der Geschichte beziehen kann, und er kann dem Menschen aufgrund seiner Größe und Stärke am ehesten gefährlich werden. Am Fluß bevorzugt er Abschnitte mit geringer Strömungsgeschwindigkeit, also vor allem den Unterlauf. Er ist jedoch auf Talsperren, Seen, künstlichen Wasserstraßen und in städtischer Umgebung ebenso zu Haus. Man begegnet ihm selbst in Flußmündungen in der Brackwasserzone, also dort, wo sich bereits der Einfluß von Ebbe und Flut bemerkbar macht. Ursprünglich war der Höckerschwan in Osteuropa beheimatet. Die Vögel, die man heute in West- und Mitteleuropa zu Gesicht bekommt, sind daher auch keine echten Wildvögel, sondern halbzahme Tiere, die von den im Mittelalter, vor allem an Fürstenhöfen, gehaltenen Beständen abstammen. Als »königliche« Vögel genossen sie früher einen besonderen Schutz. Das erklärt auch, warum sie noch heute wenig Scheu vor ihren menschlichen Nachbarn zeigen.

Das Nest des Höckerschwans ist ein umfangreicher Haufen aus Stengeln und Blättern von Wasserpflanzen. Obwohl sich die brütenden Vögel wegen ihrer Größe und ihrer auffallenden Farbe kaum verstecken können, wählen sie den Standort des Nestes doch so, daß er weder für menschliche Störenfriede noch für Füchse erreichbar ist. Oft steht das Nest daher auf Flußinseln, in ausgedehnten Röhrichtbeständen oder auch an Brückenpfeilern, wo allerdings viele Gelege durch Hochwasser verlorengehen.

Der Schwanenmann ist zwar normalerweise recht verträglich und zutraulich, doch zur Brutzeit verteidigt er das Nest und dessen nähere Umgebung mit beträchtlicher Entschlossenheit und äußerster Energie. Während das weibliche Tier ganz allein das Gelege bebrütet, ist die Revierverteidigung Sache des Männchens. Wenn so ein Höckerschwan die typische Drohhaltung einnimmt, wobei die Flügel halb gelüftet und segelartig hochgestellt, die Halsfedern gesträubt und Kopf und Hals weit zurückgebogen werden, bietet er in der Tat einen imposanten Anblick. In dieser Haltung schwimmt er ruckartig und rauschend mit kräftigen Schwimmstößen auf jeden Eindringling zu. Das macht selbst auf Menschen nachhaltigen Eindruck. Viele Schwimmer, Angler und Paddler oder Spaziergänger, die sich am Ufer zu einem Picknick niedergelassen haben, ziehen es daher vor, diskret ein paar Schritte weiterzugehen, anstatt sich der einschüchternden Attacke des Höckerschwans zu stellen. Meistens greift der Schwanenmann nicht wirklich an, jedenfalls soweit es Menschen betrifft. Aber man tut trotzdem gut daran, zu angriffslustigen männlichen Höckerschwänen einen respektvollen Abstand einzuhalten und sich zu vergegenwärtigen, daß man im Fall des Falles erhebliche Verletzungen davontragen kann. Daß mit draufgängerischen Schwanenmännchen nicht zu spaßen ist, zeigt der folgende Vorfall.

Anfang 1982 wurde das Weibchen eines Höckerschwanpaares, das sich auf einem Fluß im Westen von Wales aufhielt, von zerstörungswütigen Rowdies getötet. Der männliche Vogel blieb allein zurück, und als die Brutsaison anfing, fühlte er sich offensichtlich sehr einsam und war merklich frustriert. Die einzigen großen weißen, beweglichen Objekte, die sich im weiteren Umkreis aufhielten, waren die walisischen Schafe mit ihren Lämmern, und auf eines dieser Mutterschafe konzentrierte der verzweifelte Schwanenmann schließlich seine ganze Zuneigung. Er trieb das Tier ins flache Wasser und versuchte, mit ihm zu kopulieren. Die beiden Lämmer waren ihrer Mutter ins Wasser gefolgt. Der Schwan tötete die beiden vermeintlichen »Nebenbuhler« ohne viel Federlesens, indem er sie einfach mit dem Schnabel ergriff und zu Tode schüttelte. Das Mutterschaf, das dem Ansinnen des Schwans natürlich in keiner Weise entsprechen konnte, kam ebenfalls ums Leben. Man fand das Tier später im Wasser, wo es wahrscheinlich ertrunken war. Bei näherer Untersuchung stellte sich heraus, daß es zusätzlich noch den Hals gebrochen hatte! Diese bemerkenswerte Episode hat sich nachweislich in allen Einzelheiten so abgespielt. Der Vorfall ist nicht nur deswegen von Interesse, weil er schlechthin einzigartig und auf den ersten Blick nahezu unglaublich ist, sondern auch weil er ein bezeichnendes Licht auf die enorme Körperkraft des Höckerschwans wirft. Man sollte die Vögel daher unbedingt in Ruhe lassen, vor allem während der Brutzeit.

In der Natur besteht die Nahrung des Höckerschwans vor allem aus untergetaucht lebenden Wasserpflanzen, die die Tiere durch Gründeln erreichen und abreißen. Sie rupfen jedoch auch gern Gras auf feuchten Wiesen, und viele Stadtschwäne leben zum Teil von Brot, mit dem sie regelmäßig gefüttert werden. Höckerschwäne sind, wie gesagt, recht beliebte Vögel, aber die enge Nachbarschaft zum Menschen schafft andererseits auch ernste Probleme, die lokal sogar zu drastischen Bestandsrückgängen geführt haben. Schwäne müssen, wie viele andere Vögel auch, regelmäßig kleine Steinchen schlucken, mit deren Hilfe die Pflanzennahrung im Muskelmagen zermahlen wird, bevor der eigentliche Verdauungsprozeß einsetzt. Leider sind es heutzutage nicht immer nur Steinchen, die im Magen der Schwäne landen, sondern unter anderem auch Bleikügelchen, die von den Anglern als Gewichte verwendet und häufig am Ufer oder im flachen Wasser zurückgelassen werden. Wie Untersuchungen an vorzeitig eingegangenen Schwänen ergaben, ist neben direkten Angriffen durch zerstörungswütige Jugendliche, Tod durch Stromschlag an elektrischen Freileitungen und Unfällen mit weggeworfenen Angelschnüren die fortschreitende Bleivergiftung die wichtigste und dazu noch die heimtückischste Todesursache. Man schätzt, daß inzwischen Jahr für Jahr in Großbritannien etwa 3 000 Höckerschwäne vorzeitig durch Bleivergiftung umkommen, die auf die besagten Bleigewichte zurückzuführen ist. Zum Vergleich: Der Gesamtbestand an Höckerschwänen in Großbritannien lag 1978 bei 18 000 Tieren. Allein in Norfolk und im östlichen Mittelland waren 1982 und 1983 von insgesamt 800 toten Höckerschwänen 80 % an Bleivergiftung gestorben. In anderen Landesteilen liegen die entsprechenden Zahlen teilweise niedriger.

In den letzten Jahren haben auch die Angler, nachdem bereits beträchtlicher Schaden angerichtet worden war, das Problem erkannt. 1984 beschlossen sie, sich auf andere Materialien umzustellen. Außerdem wurden neue Verhaltensregeln ausgearbeitet, und überall im Land warnen Plakate vor den Gefahren, die den Vögeln durch Blei sowie durch achtlos liegengelassene Angelschnüre drohen.

Die dünnen Nylonschnüre bringen nicht nur Höckerschwäne in Schwierigkeiten, sondern im Grunde ist jeder Vogel, der sich, aus welchem Grund auch immer, am Flußufer aufhält, potentiell

Die frisch geschlüpften Jungen des Höckerschwans werden vom Weibchen gehudert.

gefährdet. Die Angelschnüre, die die Mitglieder des Clubs junger Ornithologen (der Jugendorganisation der RSPB) 1978/79 im Laufe von neun Monaten einsammelten, hatten zusammengenommen eine Länge von fast zehn Kilometern. Das entsprach, bezogen auf die abgesuchten Flüsse, fast 250 Metern Angelschnur pro Kilometer Uferlinie. Durch die Nylonschnüre kommen in jedem Jahr viele Vögel um oder werden verstümmelt. Bei den Opfern handelt es sich vor allem um Stockenten und Teichrallen, aber daneben sind auch eine ganze Reihe weiterer Wasservögel betroffen, zum Beispiel Wasseramseln, die verschiedenen Stelzen, Lappentaucher und Graureiher. Landvögel wie Turmfalken, Wiesenpieper, Stare, Waldkäuze und viele andere zählen gleichfalls dazu. Wer einmal eine Teichralle gesehen hat, die sich hoffnungslos in einer dünnen, tief ins Fleisch schneidenden Nylonschnur verheddert hat, die noch dazu unerreichbar hoch im Geäst eines Baumes festhängt, wird dieses Bild nicht so schnell wieder vergessen.

Ich kann mir vorstellen, daß mancher Angler aus einem ganz anderen Grund in Wut gerät, wenn er nämlich, nachdem er selbst vielleicht längere Zeit nichts gefangen hat, zusehen muß, wie geschickt und sicher seine gefiederten »Kollegen« am Fluß vorgehen. Geradezu beneidenswert! Möglicherweise überlegt er sich auch, wie groß der Schaden wohl ist, der ihm dadurch entsteht. Sicher sind die Fähigkeiten der fischfressenden Vögel erstaunlich und bewundernswert, aber im Gegensatz zum Angler, der ausschließlich aus Gründen der Entspannung und Erholung Fische fängt, hat der Jagderfolg für die Vögel einen ganz anderen Stellenwert. Sie *müssen* Tag für Tag Beute machen, um zu überleben. Aus diesem Grund haben sich ja die Fertigkeiten der Vögel im Laufe eines langen Evolutionsprozesses herausgebildet und immer mehr vervollkommnet: Jede Vogelart muß auf die bestmögliche Weise an die jeweils arttypische Fischfangmethode angepaßt sein. Obwohl bei Anglern verständlicherweise leicht die Vorstellung aufkommt, zwischen ihnen und den Vögeln seien die Konkurrenzvorteile ungerecht verteilt, sind die Fälle, in denen sich der Mensch ernsthaft Sorgen um seine Existenz machen muß, sehr selten. Dazu kommt es im Grunde nur, wenn die ökologischen Bedingungen zuvor im Hinblick auf die menschlichen Nutzungsinteressen künstlich verändert worden sind.

Wenn beispielsweise Fische zum Zweck der kommerziellen Massenproduktion in offenen Teichen oder Bassins gehalten werden oder wenn Seen, Talsperren und Flüsse mit fast ausgewachsenen, fangreifen Fischen besetzt werden, damit sie kurze Zeit später wieder herausgeangelt werden können, dann nutzen die Vögel eine solche unnatürliche Situation mit bewußt überhöhten Fischbestandsdichten natürlich aus. Jeder fischfressende Vogel wird versuchen, von einem lokalen Überangebot an Nahrung seinen Teil abzubekommen. In all diesen Fällen muß die Verantwortung dafür, daß der Fischbesatz mit angemessenen Mitteln geschützt wird oder die Vögel auf Distanz gehalten werden, eindeutig bei den Betreibern solcher Anlagen liegen. Trotzdem wurden die fischverzehrenden Vögel dafür, daß sie ihrem artgemäßen Nahrungserwerb nachgingen, zu allen Zeiten verfolgt, und mancherorts stellt man ihnen selbst heute noch nach.

So werden etwa Kormorane und Gänsesäger im Binnenland noch immer in recht großer Zahl geschossen, obwohl sie in Großbritannien mittlerweile ganzjährig gesetzlich geschützt sind. Ausnahmeregelungen sind allerdings zulässig, wie zum Beispiel in Schottland, wo sogenannte »Bestandskontrollen« durchgeführt werden dürfen. Quasi als Ausgleich dafür hat zumindest eine fortschrittliche Wasserbehörde, die *Welsh Water Authority,* öffentlich bekanntgegeben, daß sie Vorschläge zur Bestandsregulierung (im Klartext: legalisierter Abschuß) von Kormoranen und anderen fischfressenden Vögeln in keiner Weise mehr unterstützen will. Der Gänsesäger wird bisher, obgleich er in Nordengland und in einigen Teilen von Wales nicht selten illegal bejagt wird, mit dem teilweise erheblichen Verfolgungsdruck erstaunlich gut fertig.

Die Frustration mancher Petrijünger kann man unter Umständen sogar verstehen, auch wenn sie im Grunde unangebracht und unfair ist, denn während der Angler auf Rute, Angelschnur und Köder, auf seinen sechsten Sinn und langjährige Erfahrung angewiesen ist, wenn er die Forelle oder den Lachs zu überlisten versucht, gleitet der Gänsesäger ohne weiteres geschmeidig unter Wasser, wo er seine Beute blitzschnell, völlig ohne Orientierungsprobleme, entschlossen und zielgerichtet verfolgt.

Selbst kleinen Vögeln wie dem Eisvogel und der Wasseramsel sagt man nach, daß sie den Anglern und Fischzüchtern Probleme bereiten. Von Wasseramseln hieß es, sie zerstörten die Eier der Fische. Dieser Vorwurf ist jedoch durch nichts gerechtfertigt; vielmehr sind die Vögel physisch überhaupt nicht imstande, die Kiesschicht, mit der die Eier der Salmoniden (lachsartigen Fische) bedeckt sind, beiseite zu räumen und an das Gelege heranzukommen. Es ist durchaus denkbar, daß Wasseramseln Fischeier verzehren, die zuvor auf andere Weise freigelegt worden sind, aber aus diesen Eiern würden ohnehin keine Jungfische schlüpfen, und wenn die Vögel die Eier als Zusatznahrung aufnehmen, kann man ihnen das kaum verdenken.

Eisvögel leben nahezu ausschließlich von Kleinfischen, etwa von der Größe einer Elritze. Sie sind ausgeprägt territorial; jedes Eisvogelpaar bewohnt ein Revier, das bis zu anderthalb Kilometer lang ist. Es ist schlechterdings unvorstellbar, daß die Jagdtätigkeit der Vögel in solch einem Gebiet überhaupt irgendeinen Einfluß auf den Fischbestand haben könnte.

Fischzuchtanlagen in der Nähe der größeren Flüsse bilden mitunter Anziehungspunkte für Fischadler, die sich auf dem Durchzug in ihre oder von ihren schottischen oder skandinavischen Brutgebieten befinden. Sie sind tatsächlich in der Lage, auch größere Fische aufzunehmen – und zwar bis zu einem Gewicht von annähernd zwei Kilogramm. Allerdings werden derart schwere Tiere nur selten erbeutet; meistens liegt das Gewicht der vom Fischadler geschlagenen Fische unter 500 Gramm. Es leuchtet ein, daß jemandem, der gewerbsmäßig Fische züchtet, beim Anblick eines Fischadlers, der sich einige Tage lang in der näheren Umgebung aufhält und mehrmals am Teich oder Bassin erscheint, um die leicht erreichbaren Fische herauszuholen, durchaus Bedenken kommen können. Doch die Besuche durchziehender Fischadler sind stets von kurzer Dauer, und manche Fischzüchter geben offen zu, daß sie die großen Vögel nicht nur dulden, sondern sich sogar darüber freuen, wenn hin und wieder einmal einer auftaucht.

Der eigentliche Problemvogel, um den es zwischen Naturschützern und Fischzüchtern immer wieder Streit gibt, ist jedoch wieder einmal der Graureiher. Man weiß, daß er sich manchmal an Gartenteichen einfindet und die darin befindlichen Goldfische oder anderen Arten restlos auffrißt. Die modernen Fischfarmen mit ihren Teichanlagen oder Wassertanks, in denen es von Fischen jeder Größe förmlich wimmelt, ziehen ihn gleichfalls unwiderstehlich an. Die RSPB führte in den Jahren 1979 und 1980 eine detaillierte Untersuchung durch, die dazu beitragen sollte, Empfehlungen zur Lösung des Graureiherproblems zu erarbeiten, ohne auf den ohnehin

Manchmal unternimmt selbst der Kormoran einen Stadtbesuch.

illegalen Abschuß der Vögel zurückgreifen zu müssen. Dabei stellte sich heraus, daß die Graureiher die Fischzuchtanlagen in der Hauptsache in den frühen Morgenstunden und spätabends aufsuchen. Im Sommer handelt es sich zudem bei den meisten dieser ungebetenen Gäste um Jungvögel, die ihre Kolonien soeben verlassen haben oder die auf der Suche nach ergiebigen Nahrungsquellen weit umherstreifen und solche Stellen durch Zufall entdecken.

Wo Forellen auf engem Raum gehalten werden, macht der Fischadler leichte Beute.

Die Studie der RSPB ergab, daß sich die verschiedenen bereits existierenden Systeme, mit deren Hilfe Graureiher vergrämt werden sollen, zur Lösung des Problems durchaus eignen. Es handelt sich dabei um Käfig- und Abschreckvorrichtungen sowie um über die Wasserfläche gespannte Drähte, die den Reihern den Zugang zur Flachwasserzone am Rand der Fischteiche verwehren. Wichtig ist auch, wie die betreffenden Teiche angelegt sind, denn Graureiher landen immer zunächst am Ufer und waten dann ins Wasser. Wenn die Fischteiche jedoch steile Uferränder aufweisen, ist das Wasser für sie nicht erreichbar – sie können dort entweder überhaupt nicht fischen, oder sie tun es doch jedenfalls sehr ungern.

Die Mauser der Schwungfedern findet beim Graureiher wie bei den meisten übrigen Vögeln gegen Ende der Brutzeit statt, und zwar werden die alten, verschlissenen Federn nacheinander durch neue ersetzt. Ein ganz anderes, vom »normalen« Verlauf abweichendes Mauserschema weisen dagegen die Enten, Gänse und Schwäne auf.

Die Männchen vieler Entenarten machen jetzt eine schwierige Periode durch. Flugunfähig, ihrer Zierde beraubt und äußerst vorsichtig versuchen sie, über die Zeit zu kommen. Der Erpel der Reiherente verbringt die Mauserperiode in (nach menschlichen Begriffen) niedergeschlagener Stimmung weit draußen auf dem offenen Wasser. Er ähnelt äußerlich dem Weibchen, ist jedoch im Vergleich dunkler gefärbt. Der Purpurglanz des Kopfgefieders bleibt andeutungsweise erhalten, und außerdem fehlen ihm die weißlichen Flecken an der Schnabelwurzel, die für die weiblichen Tiere charakteristisch, aber nicht bei allen vorhanden sind. Beim Tafelentenmännchen verliert sich zeitweise die herrliche kastanienbraune Kopfzeichnung, die Graufärbung des

In Großbritannien brütet der Graureiher in einer ganzen Reihe von Städten.

Zwergsäger, Reiherente, Löffelente und Tafelente (v.l.n.r.) gehören mitten in London zu den regelmäßigen Wintergästen.

Rückens ist jedoch auch im Sommer und Herbst noch recht deutlich. Bei der Tafelente kann man daher die Geschlechter feldornithologisch auch während der Mauser leichter unterscheiden.

Sogar der knallig bunte Mandarinerpel ist jetzt nur noch ein kaum erkennbarer Schatten seiner selbst. Verschwunden sind die bunte Kopfhaube, der purpurfarbene und kupferrote Glanz des Gefieders, die orangefarbenen »Koteletten« und die hübschen, aufstellbaren »Segel« auf den Flügeln. In der Mauser wirkt das Männchen wie eine etwas kontrastreicher gefärbte Ausgabe des Weibchens, es behält jedoch seinen roten Schnabel und ist daran zu allen Zeiten des Jahres zu erkennen.

Es gibt in Großbritannien nur wenige Flüsse, die über weite Strecken einen so ausgeprägt städtischen Charakter haben wie die Themse, die auf einer Länge von etwa 88 Kilometern in vielen Windungen durch London fließt – von den westlichen Vororten bis hinunter nach Gravesend, wo sie sich zu einer breiten Trichtermündung erweitert. Als Brutgebiet für Vögel hat dieser Abschnitt, der auf zwei Dritteln seiner Länge vom Gezeitenwechsel beeinflußt wird, kaum eine Bedeutung, weil die Ufer auf beiden Seiten direkt bis ans Wasser dicht bebaut sind. Erst weit stromabwärts, in Barking Creek, findet sich in der Nähe einer großen Autofabrik wieder unbebauter Boden in Gestalt von Marschland, ungepflegten Viehweiden und Dränagegräben.

Der Uferbereich mag für Vögel wenig attraktiv sein, aber der Fluß als solcher beherbergt hier, im größten Ballungsgebiet Europas, erstaunlich viele gefiederte Gäste. Will man allerdings einen vollständigen Eindruck von der Wasservogelwelt der britischen Hauptstadt gewinnen, muß man die kleineren Nebenflüsse der Themse mit einbeziehen. Es sind dies der Lea und der Colne, die von Norden kommen, sowie der Darent, der von Süden in den Hauptfluß einmündet. Im Talbereich dieser Flüsse und auch entlang des westlichen Themseabschnitts sind durch den Bau von Staubecken und durch die Ausbeutung von Sand- und Kiesvorkommen riesige offene Wasserflächen entstanden, die inzwischen eine Gesamtfläche von über 1 800 ha einnehmen. Diese Gewässer bilden zusammen mit vielen weiteren, ebenfalls künstlich angelegten Seen und Teichen

in den Londoner Parks ein Eldorado für Wasservögel mitten in der Stadt. Die Winterbestandszahlen sind wieder einmal ein eindrucksvoller Beweis für die Tatsache, daß Vögel die enge Nachbarschaft zum Menschen und selbst extrem umweltverändernde Aktivitäten ertragen können, wenn ihnen ausreichend Nahrung und geeignete Lebensräume zur Verfügung stehen. Das ist, vor allem in der kalten Jahreszeit, in London, aber zum Beispiel auch in und bei Hamburg, der Fall. Schätzungen zufolge überwintern von fünf verschiedenen Entenvögeln jeweils mindestens fünf Prozent der gesamten britischen Winterpopulation innerhalb von Groß-London, und zwar von der Löffelente, der Reiherente, der Schnatterente und von Zwerg- und Gänsesäger.

Einige der oben erwähnten Staubecken sind inzwischen wegen ihres Vogelreichtums regelrecht berühmt. Bei Walthamstow befindet sich eine Graureiherkolonie auf mehreren Inseln in einem der Wasserrückhaltebecken. Sie umfaßt über 100 Horste und gehört damit zu den größten in Großbritannien. Zur Zugzeit kann man dort zahlreiche Löffelenten und Höckerschwäne und gelegentlich über 1 000 Reiherenten antreffen. Mehrere Tafelentenpaare schreiten in diesem Gebiet auch zur Brut. Die Staubecken von Barn Elms, an einer Flußbiegung gelegen, sind ebenso reich an Wasservögeln. Mehrere Entenarten, darunter die seltene Schnatterente, zählen zu den Brutvögeln. Im Sommer konzentrieren sich nahrungsuchende Mauersegler und Mehlschwalben über den Wasserflächen, und zu den Arten, die hier in den vergangenen Jahren gebrütet haben, gehören außerdem der Teichrohrsänger, die Rohrammer, Bläß- und Teichralle, Zwerg- und Haubentaucher und der Höckerschwan. Normalerweise würde man all diese Wasservogelarten irgendwo auf dem flachen Land erwarten, wo sie ruhig und ungestört leben könnten, und doch brüten sie alle am Rande der Londoner Innenstadt, sechs Kilometer vom Zentrum entfernt!

Die schmucke Mandarinente, die ursprünglich in Nordchina heimisch ist, wurde zu Beginn des Jahrhunderts nach Großbritannien eingeführt. Kurz darauf entkamen einige dieser Vögel aus der Gefangenschaft und brüteten in freier Natur. Heute lebt die Art in halbwildem Zustand vor allem im Südosten des Landes. Zur Zeit dehnt die Mandarinente ihr Verbreitungsgebiet allmählich aus,

Schnatterenten: oben Männchen, unten Weibchen
Schnatterentenpaar
balzender Erpel der Mandarinente
Haubentaucher im Ruhekleid
Haubentaucher im ersten Herbst
Haubentaucher im Brutkleid
weibliche Mandarinente
Zwergtaucher
Links im Brut-, rechts im Ruhekleid

Stadtbewohner unter den Schwimmvögeln

und die Bestandszahlen wachsen ebenfalls. Im Zuge dieser Ausbreitungsbewegung erscheint sie mit zunehmender Regelmäßigkeit in verschiedenen Stadtteilen Londons, vor allem entlang der Themse und ihrer Nebenflüsse. Die kleine Ente brütet in Baumhöhlen. Es mag sein, daß die gegenwärtig zu beobachtende Arealausweitung wegen des Fehlens geeigneter Nisthöhlen bald an ihre Grenzen stößt, aber man kann der Mandarinente helfen, indem man ihr an künstlich entstandenen Gewässern, in Lebensräumen aus zweiter Hand also, Nisthilfen anbietet.

Wie wir gesehen haben, haben Zwerg- und Haubentaucher, Uferschwalbe, Teich- und Schilfrohrsänger, Höckerschwan und Kanadagans in der Stadt sowie im Weichbild der Metropolen Fuß fassen können. Dazu gesellt sich eine weitere Vogelart, die seit eh und je eine besondere Bindung an die Flüsse erkennen läßt, die im deutschen Namen treffend zum Ausdruck kommt: der Flußregenpfeifer. Dieser kleine Watvogel brütete bereits kurz nachdem er zum erstenmal in Großbritannien als Brutvogel nachgewiesen worden war, auch an der Themse, in Middlesex. Inzwischen ist er rund um London mit mehr als 60 Paaren gut vertreten. Nachdem eine große Schiffswerft in Surrey geschlossen worden war, hatte der Flußregenpfeifer das ehemalige Industriegelände bereits innerhalb von drei Jahren besiedelt. Zwei Faktoren sind es vor allem, die den Vogel in dieser ungewohnten Umgebung heimisch werden ließen: die relative Ungestörtheit und der spärliche Pflanzenwuchs auf den nicht mehr genutzten Flächen. Hier legt der Flußregenpfeifer seine Eier auf den blanken Boden, wo sie zwischen den Kieselsteinen perfekt getarnt sind.

Sobald die Beton- und Ziegelwände am Flußufer ungenutzten Ödländereien und Marschen Platz machen, erhöht sich die Zahl der Brutvögel und Wintergäste beträchtlich. Die Winterbestandszahlen der Entenvögel, die in der Marsch von Rainham und auf der Themse selbst ermittelt wurden, mögen das verdeutlichen: In diesem Gebiet wurden bis zu 1 000 Krickenten, 450 Stockenten, 600 Brandenten, 100 Pfeifenten, 100 Spießenten und 500 Tafelenten gezählt. Als weitere Gäste in der Marsch, die notabene noch im Stadtgebiet liegt, wurden Sumpfohreulen, Kiebitz- und Goldammerntrupps und hin und wieder sogar Schneeammern und andere seltener

Die Kanadagans hat sich weitgehend an die Nähe der Menschen gewöhnt.

auftretende Arten registriert. Im Sommer brütet hier die Brandente in mehreren Paaren, daneben Teichrohrsänger, Schilfrohrsänger, Grauammern und Schafstelzen. Hier beginnt bereits der Mündungsbereich; der Fluß erreicht seinen letzten Abschnitt, in dem er noch einmal eine Fülle von Tieren und Pflanzen mit Nahrung und Lebensraum versorgen wird.

Bei den Vogelarten, die sich mit Erfolg auf das Leben in der Stadt eingestellt haben, ergeben sich hinsichtlich der Verbreitung und Häufigkeit im Vergleich zwischen Großbritannien und Mitteleuropa die geringsten Unterschiede. Zu diesen sogenannten Ubiquisten gehören vor allem der Haussperling und die Amsel. Beide sind in London oder Birmingham sicher ebenso zahlreich vertreten wie in Hamburg oder Frankfurt. In Deutschland fast überall anzutreffen sind darüber hinaus Bachstelze, Buchfink, Heckenbraunelle, Zaunkönig, Mehlschwalbe, Mauersegler und Ringeltaube.

Zwergtaucher, Lachmöwe und Bläßralle verbringen auch in Deutschland den Winter oft in der Stadt. Während sich die beiden letzteren gern füttern lassen – Lachmöwen schnappen Brotbröckchen überaus geschickt bereits in der Luft – sorgt der Zwergtaucher auch in der kalten Jahreszeit für sich selbst. Er ist zwar selbst im Winter sehr vorsichtig, und wenn man ihm zu nahe kommt, taucht er und versteckt sich anschließend am Ufer, aber seine Fluchtdistanz ist doch, besonders auf kleineren Flüssen, deutlich geringer als während der Brutzeit, so daß man den faustgroßen Vogel recht gut beobachten und ihm vielleicht sogar bei der Jagd zuschauen kann.

Der Kormoran, der Fischadler und der Zwergsäger berühren das Gebiet der Bundesrepublik regelmäßig auf dem Zug beziehungsweise als Wintergäste. Während allerdings der Zwergsäger im Norden Skandinaviens beheimatet ist, brütete der Fischadler noch 1963 in Niedersachsen. Heute liegen die nächsten Brutplätze in Mecklenburg und Südschweden. Vom Kormoran sind in der Bundesrepublik nur noch zwei Brutplätze bekannt, einer in der Wesermündung und einer in Bayern. Die Art wurde als Nahrungskonkurrent des Menschen auch in Deutschland stark verfolgt. Anfang des 19. Jahrhunderts bestand zum Beispiel am Großen Binnensee in Schleswig-Holstein eine Kormorankolonie mit 7 000 Paaren, die innerhalb weniger Jahre völlig zerstört wurde.

Die Grauammer, ein Vogel der offenen Landschaft, ist in mehreren Bundesländern stark zurückgegangen. Sie zählt heute in der Bundesrepublik zu den bedrohten Arten, wenngleich sie in manchen Gegenden in Bayern und Rheinland-Pfalz noch verhältnismäßig häufig ist. Die mit ihr verwandte Schneeammer brütet in Schottland und Norwegen und erscheint als regelmäßiger Wintergast in der norddeutschen Tiefebene. Der Teichrohrsänger ist in Deutschland ähnlich verbreitet wie in Großbritannien. Er ist lokal der häufigste Rohrsänger, wird jedoch andernorts an Zahl vom ähnlichen, zuverlässig nur an der Stimme zu unterscheidenden Sumpfrohrsänger übertroffen.

Der Flußregenpfeifer schließlich zählt in Deutschland zu den Vögeln, die seit eh und je in den Flußauen brüteten. Seitdem die Flüsse fast alle reguliert sind, muß er auf Kiesgruben oder wenig bewachsene Industrieflächen ausweichen. Die hübsche Mandarinente brütet hie und da an Flüssen oder Parkteichen. Bei diesen Vögeln handelt es sich ebenfalls um verwilderte, meist halbzahme Tiere.

Die Mündung

Der Mündungsbereich des Flusses, das Ästuar, ist eine weite, tischebene und einsame Landschaft, eine Wildnis aus Sand, Schlick und Wasser. Wenn der Fluß den Mündungstrichter erreicht hat, ist seine Kraft bereits gebrochen; er gehorcht nicht mehr den Gesetzen der Schwerkraft und des Gradienten der Talsohle, sondern einzig und allein den alle zwölf Stunden wechselnden Einflüssen der Gezeiten. Hier im Mündungsgebiet sinkt die kostbare Fracht aus feinen Schlammteilchen und anderen Schwebstoffen zu Boden. Der Fluß sorgt damit für die kontinuierliche Nährstoffversorgung der fruchtbaren Marschen. Zum letzten Mal ändert er jetzt seine äußere Gestalt, bevor er sich endgültig im Meer verliert.

Es ist Anfang März. Nachts ist es zum ersten Mal ein klein wenig wärmer als in den Nächten zuvor – die erste zaghafte Andeutung des Frühlings. Selbst weit draußen, wo das flache, graugrüne Marschland ins offene Meer übergeht, ist der Wind merklich sanfter und angenehmer. Der schneidende Frost, der während der letzten fünf Monate hier draußen herrschte, hat den Rückzug angetreten. Als die ersten fahlen Lichtstreifen des heraufkommenden Tages am grenzenlosen Himmel auszumachen sind, ist der Horizont wie weggewischt. Die Fernsicht ist gleich Null, und die einzige klare Linie, die sich von diesem Vorposten des Festlands aus erkennen läßt, ist der Saum des auflaufenden Wassers, der sich langsam auf die Küste zubewegt. Jenseits dieser Grenze verschwimmt die Wasserfläche der Flußmündung, die an dieser Stelle mehrere Meilen breit ist, ebenso wie der weite, graue Himmel im seidig-matten Schein der Morgendämmerung. Von der Flutmarke bis zu den Wolken hinauf spannt sich ein undurchdringliches graues Gewölbe.

Kein Laut unterbricht die Geburt des neuen Tages – ringsum herrscht absolute Stille. Die fein geriffelte Flutlinie, die sich in vielen kleinen Prielen und Zungen immer näher an die weiche Abbruchkante der Salzwiese herantastet, ist alles, was sich bewegt. Doch da beginnen Brachvögel zu rufen. Die melodischen Triller kommen von den Salz-Schlickgraswiesen weiter draußen, die man bei diesem Licht nicht sehen kann. Immer mehr Vögel erheben ihre Stimme; draußen im Vorland müssen sich viele Brachvögel aufhalten, die sich jetzt im Schutz des Zwielichts zum Schlafen aufs Land zurückziehen. Abgesehen von den Vögeln hört man nur das leise schmatzende Geräusch der hereinkommenden Flut, die sich nun anschickt, die letzten paar hundert Meter nassen, grauen Schlicks zurückzuerobern. Der erdige, elementare Geruch des Schlicks, der sich mit dem scharfen Salzgeruch mischt, verliert sich hier nie. Der weiche, nachgiebige Schlamm, der zäh an den Stiefeln hängenbleibt, ist die schlechthin allgegenwärtige Substanz der Flußmündung – im Gegensatz zum Wasser, das zweimal am Tag kommt und geht und den Schlick dabei überspült oder wieder freigibt. Die Luft ist lau, doch die auflaufende Flut schiebt in Bodennähe eine unsichtbare, nur wenige Zentimeter mächtige kalte Luftschicht vor sich her, die sich, von der drängenden Kraft des zurückkehrenden Wassers getrieben, über die ganze Marsch verteilt.

Inzwischen ist es ein wenig heller geworden. Sieben Brandenten streichen 400 Meter vor der Küste vorbei. Sie sind gespenstisch weiß und wirken fast wie Wesen aus einer anderen Welt. Die Köpfe haben sie bereits zum Landeanflug emporgereckt und die Schwingen steif ausgestreckt. In dieser gebieterisch anmutenden Haltung scheinen sie auf halber Höhe zwischen der Himmelskuppel und dem imaginären Horizont zu segeln.

Mit einem Schlag tauchen überall um mich herum weitere Vögel auf. Es sind Alpenstrandläufer, die die unerbittlich vorrückende Flut während der vergangenen vier Stunden immer weiter

Seite 110/111: Dank ihres Vogelreichtums sind die Mündungsgebiete der Flüsse ein wahres Mekka für Ornithologen. Hier sieht man – stellvertretend für viele andere – Graugänse, Brandenten, Rotschenkel und im Vordergrund eine Lachmöwe.

In weit auseinandergezogenen Trupps ziehen sich die Alpenstrandläufer vor der auflaufenden Flut aufs Land zurück.

Der steigende Wasserstand vertreibt auch die Steinwälzer aus dem Watt. Der Vogel im Hintergrund ist ein Rotschenkel.

landeinwärts vor sich hergetrieben hat und deren Nahrungsgründe im offenen Watt jetzt endgültig überspült werden. Der eng zusammenhaltende Schwarm, der wohl an die 3 000 Vögel zählen mag, nähert sich rasch. Zuerst glaubt man, eine bewegliche, sich windende Linie zu erkennen, die sich permanent verändert, doch im Näherkommen gewinnt der Vogelschwarm eine eigene, quasi körperliche Gestalt, er wird zum magischen Überwesen, das sich amöbenhaft strecken, in sich zusammenziehen und sein Äußeres nach Belieben variieren kann. Die vielen Einzelvögel, aus denen diese amorphe Masse besteht, haben ihre Flugmanöver perfekt aufeinander abgestimmt. Wie auf Kommando führen sie blitzschnelle Schwenks und Richtungsänderungen aus, wirbeln durcheinander und formieren sich neu. Weit draußen erkennt man, da es allmählich aufklart, mehrere solcher Schwärme. Wabernden Rauchsäulen gleich sind sie einen Moment lang sichtbar, um sich kurz darauf, wenn sie dem Betrachter die dunkleren Oberseiten zukehren, wieder in Nichts aufzulösen. Der erste Alpenstrandläufertrupp gleitet dicht unter Land über dem letzten schmalen Schlickstreifen mal nach links, mal nach rechts und spiegelt sich bei jeder Wendung im silbrig glänzenden Wasser des Spülsaums. Jedesmal, wenn der Schwarm wie ein Uhrpendel von einer Seite zur anderen schwenkt und dabei immer mehr an Höhe verliert, landen einige der zuunterst fliegenden Vögel, bis schließlich nach einem Dutzend solcher Anflüge auch die letzten eingefallen sind. Während die Nachzügler unten ankommen, stiebt der ganze Verband schon wieder wild flatternd davon und entfernt sich ein Stück flußabwärts, wo sich die Vögel dann endgültig zur Rast niederlassen – diesmal ohne besondere Umstände zu machen.

In einiger Entfernung erstreckt sich eine Reihe hölzerner Pfosten vom Rand der Marsch ins offene Wasser hinaus. Die Pfähle, etwa 40 an der Zahl, erfüllen keine erkennbare Funktion. Jeder scheint im vorrückenden Wasser etwas niedriger zu sein als sein Nachbar. Kohlrabenschwarz zeichnen sie sich vor dem Hintergrund der glatten grauen Wasseroberfläche ab. Diejenigen, die am weitesten draußen stehen, sind bereits lautlos in der Flut versunken. Auf der abgeflachten Oberfläche jedes Pfostens sitzt ein Vogel – ein Rotschenkel, ein Steinwälzer oder ein Kiebitzregenpfeifer – letztere verharren, wie ihre Artgenossen am Ufer, still und in sich gekehrt. Die Rotschenkel in dieser bunten Reihe sind aufgeregt und flatterhaft; ihre wohltönenden, flötenden

»Djüdüdü«-Rufe schallen weit über das Wasser. Alle Vögel, die einen dieser Logenplätze besetzt haben, spiegeln sich im Wasser. Manchen reicht die steigende Flut schon bis ans Bauchgefieder, so daß sie gezwungen sind, ihren Sitzplatz aufzugeben und mit den übrigen um die immer rarer werdenden Pfosten zu streiten. Ein Steinwälzer bedrängt einen seiner Artgenossen so sehr, daß dieser kopfüber ins tiefe Wasser klatscht, dann aber ganz unerwartet ruhig und gelassen zum nächsten Pfahl schwimmt, mit einem anmutigen Satz direkt aus dem Wasser hochspringt und seinerseits den Inhaber dieses Platzes hinunterzuschubsen versucht. Kurz darauf weichen alle dem auflaufenden Wasser: Einträchtig fliegen sie auf und entfernen sich in weit auseinandergezogener Reihe aus dem Blickfeld, um weiter flußabwärts auf das Einsetzen der Ebbe zu warten.

Im oberen Abschnitt des Ästuars erstrecken sich an beiden Ufern des Flusses ausgedehnte, salzige Marschwiesen. In den tiefstgelegenen Teilen direkt am Wasser dominiert das Graugrün des Strand-Salzschwadens, dessen ausgedehnte Bestände im Sommer mit einem rosa Schleier aus blühenden Salz-Schuppenmieren und Milchkraut überzogen sind. Die etwas trockeneren, höhergelegenen Salzwiesen dienen meist als Weideland für Schafe und Rinder, denn die verschiedenen Schwingel- und Straußgrasarten, die dort gedeihen, sind nährstoffreiche, wertvolle Futtergräser. An allen größeren und vielen kleineren Flußmündungen gesellen sich im Herbst und Winter große Gänsescharen zu den Weidetieren und profitieren wie diese von dem üppigen Grün, das der fruchtbare Marschboden hervorbringt. Selbst tiefer im Binnenland und in größerer Entfernung vom Flußbett, wo die Marschwiesen bereits vor langer Zeit entwässert, eingezäunt und in einzelne Parzellen unterteilt wurden, sammeln sich Gänse, Enten, Kiebitze, Goldregenpfeifer und Große Brachvögel zur Nahrungssuche. Auch hier zählen die Trupps oft Tausende von Vögeln.

Die nordischen Gänse, die in Island, Nordskandinavien, der UdSSR, Grönland oder auf Spitzbergen gebrütet haben, ziehen im Herbst in die klimatisch milderen Landstriche Westeuropas, um dort den Winter zu verbringen. Kein anderer Vogellaut ist so faszinierend und vieldeutig wie die Rufe der Wildgänse, wenn sie morgens zum Äsen in die Wiesen und abends zurück zu ihren Schlafplätzen fliegen, die sich aus Sicherheitsgründen meistens mitten auf größeren offenen Wasserflächen befinden. In der Dämmerung kann man die Vögel truppweise gegen den helleren Himmel in langen Ketten und V-Formationen von einem Platz zum anderen streichen und in die Wiesen einfallen sehen, wobei sie oft abrupte Wendungen und Richtungsänderungen ausführen. Die weittragenden Rufe sind arttypisch; mit ihrer Hilfe kann man die verschiedenen Gänse auch überhinfliegend oder bei schlechtem Licht unterscheiden: Charakteristisch sind das schnatternde »Gag-ag-ag« der Graugans (das übrigens den Rufen der Hausgans entspricht, deren Stammmutter sie ist), das ähnliche, aber höhere und meistens zweisilbig vorgetragene »Uink-uink« der Kurzschnabelgans und das helle »Kau-ljau« der Bläßgans. Die kontrastreich schwarz, weiß und grau gefärbte Nonnen- oder Weißwangengans ist in der Regel ruffreudiger als ihre grauen Verwandten. Von ihr hört man sowohl in der Luft wie am Boden oft kläffende Rufe, die von weitem an eine Meute junger Hunde erinnern. Die kleineren Ringelgänse, die ihren deutschen Namen dem schmalen weißen Halsfleck verdanken, sind weniger oft zu hören, doch im Flug vernimmt man gelegentlich ein einsilbiges »Rronk« oder »Rott«, das sich, wenn viele Vögel durcheinanderrufen, wie Geplapper anhört.

Freilebende Gänse sind äußerst vorsichtig. Die Rundumsicht, die sie in der ebenen, offenen Marsch genießen, schützt sie vor unerwünschten Störungen, und wenn sie einmal auf Viehweiden ausweichen, die von Hecken oder Bäumen umgeben sind, dann handelt es sich mit Sicherheit nur um die größten und ausgedehntesten Koppeln. Als Beobachter kommt man so unter normalen Umständen nur bis auf einige hundert Meter an die Vögel heran, in Ausnahmefällen werden auch Fluchtdistanzen um 150 Meter angegeben.

An allen Meeresküsten Großbritanniens gibt es solche bekannten Rast- und Überwinterungsgebiete, die regelmäßig aufgesucht werden. Die äußere Themsemündung einschließlich der Nebenflüsse beherbergt im Winter etwa 40 % des Weltbestandes der Ringelgans. In Deutschland gibt es ähnlich bedeutende Rast- und Durchzugsbiotope, so zum Beispiel das nordfriesische Wattenmeer, wo sich im Oktober/November und im April/Mai bis zu 50 000 Ringelgänse aufhalten, und das Gebiet am unteren Niederrhein, das vor allem für die »grauen« Gänse wichtig ist, wie Tageshöchstzahlen von bis zu 100 000 Exemplaren belegen. Die Zahl der rastenden beziehungsweise überwinternden Ringelgänse hat sich in Großbritannien, aber auch anderswo, im Laufe der letzten Jahre verdoppelt. Die stockentengroßen, schwärzlich gefärbten Gänse mit dem weißen Halsabzeichen äsen vor allem im Watt auf den unterhalb der mittleren Hochwasserlinie gelegenen

Mehrere Gänsearten, die in Nordeuropa und teilweise sogar in der Arktis zu Hause sind, verbringen den Winter an den Küsten der Nordsee.

Graugans
Kurzschnabelgans
Bläßgans
(sibirische Unterart)
Weißwangengans
Bläßgans
Zwerggans
Zwerggans
Zwerggans
Bläßgans
(grönländische Unterart)

Seegraswiesen, die nur bei Niedrigwasser zugänglich sind. Da die Nahrungsgründe im Watt zum Beispiel durch Deichbaumaßnahmen ab-, die Zahl der Vögel jedoch sehr deutlich zugenommen hat, weichen die Gänse heute notgedrungen auch auf Wintergetreidefelder aus, so daß es häufig zu Konflikten mit der Landwirtschaft kommt. Neben der Ringelgans überwintern im Themse-Ästuar zwischen 1 000 und 2 000 Bläßgänse. In der Bundesrepublik liegt der bedeutendste Rastplatz der Bläßgans dagegen im Binnenland, und zwar auf der Halbinsel Eiderstedt. Auch dort trifft man gelegentlich über 1 000 Vögel an.

Zu den wichtigsten und größten Gänserastgebieten Großbritanniens gehört auch die Ribble-Mündung in der Grafschaft Lancashire, die vor allem von Kurzschnabelgänsen aufgesucht wird. Weit über 10 000 Tiere sind es jedes Jahr, obwohl auch die Kurzschnabelgans in letzter Zeit zunehmend auf Binnenlandrastplätze und Getreidefelder ausweicht. Insgesamt überwintern über 75 000 Kurzschnabelgänse auf den britischen Inseln, darunter die gesamte isländisch-grönländische Teilpopulation. Die meisten dieser Vögel verbringen die kalte Jahreszeit in Schottland, wo sich auch die Graugänse im Winter konzentrieren. In der Bundesrepublik befinden sich bedeutende Rastplätze der Kurzschnabelgans im Rodenäs-Vorland an der deutsch-dänischen Grenze und am Jadebusen. Wenn im April der Heimzug seinen Höhepunkt erreicht, können sich allein im schleswig-holsteinischen Teil des Nordseeküstengebiets bis zu 12 000 Kurzschnabelgänse aufhalten, im Mittel liegen die Tageshöchstzahlen jedoch niedriger.

Selbst diese grobe Übersicht wäre unvollständig, würde man die Solway-Bucht an der Westküste Großbritanniens, genau an der Grenze zwischen England und Schottland, nicht erwähnen. Die dortigen weitläufigen Marschwiesen bilden einen Anziehungspunkt für unzählige Kurzschnabelgänse, die sich an dieser Stelle vor allem im Spätwinter sammeln, um anschließend den Heimzug nach Norden anzutreten. Weißwangengänse zählen in der Solway-Marsch ebenfalls zu den regelmäßigen Gästen; die gesamte Brutpopulation Spitzbergens, etwa 6000 bis 7000 Vögel, überwintert einzig und allein innerhalb dieser Bucht.

Wo sich derartig viele Gänse auf engem Raum konzentrieren, können Ornithologen und Naturfreunde nicht weit sein. Die höchsten Besucherzahlen kann in jedem Winter das international bekannte Schutzgebiet von Slimbridge an der oberen Severnmündung verzeichnen, das vom *Wildfowl Trust* betreut wird, einer Gesellschaft von Ornithologen, Jägern und Naturschützern, die sich besonders den Schwimmvögeln widmen. Hier sind es vor allem Bläßgänse aus dem Norden der UdSSR, die sich von November bis März in den Marschen und Feuchtwiesen aufhalten. Gelegentlich werden hier, wie in manchen anderen Gebieten auch, seltenere Gänsearten beobachtet, die durch die Zugbewegung ihrer häufigeren Verwandten mitgerissen werden

Hin und wieder tauchen seltene Arten wie die aus den Steppen des Ostens stammende Rothalsgans auf, die sich von der Zugbewegung anderer Gänse haben mitreißen lassen.

und sich dann den großen wandernden Gänsescharen anschließen. Die Ankunft solcher Ausnahmeerscheinungen sorgt unter den Vogelfreunden natürlich für einige Aufregung. Rothals- und Zwerggänse sind es in erster Linie, die auf diese Art mehr oder weniger zufällig im Gefolge der europäischen Bläßgänse in Großbritannien auftauchen. Beide Arten verbringen den Winter normalerweise in Südosteuropa oder rund um das Kaspische Meer und befinden sich, wenn es sie nach Großbritannien verschlägt, 1 500 bis 2000 Kilometer abseits ihrer üblichen Zugrouten.

Aber nicht nur Gänse finden sich in den Marschwiesen der Flußmündungen ein. Ein charakteristischer, melodischer Ruf, der sich etwa mit »huihu« umschreiben läßt, verrät die Anwesenheit von Pfeifenten, und zwar der Männchen. Wie die Gänse gehen Pfeifenten gemeinschaftlich auf Nahrungssuche, mitunter in sehr großer Zahl. Sie äsen in eng zusammenhaltenden Gruppen oder auch in langen, weit auseinandergezogenen Reihen auf kurzrasigen Wiesen in Wassernähe. In einem ausgedehnten Wiesengelände, das mit nassen Senken und Bodenvertiefungen durchsetzt ist, sind eben etliche von ihnen emsig beim Grasrupfen. Wenn man den Vögeln so zuschaut, wirken die Tiere allesamt merkwürdig klein oder niedrig. Das liegt daran, daß sie Hals und Kopf vorgestreckt haben, um die Grashalme abreißen zu können. Während sie fressen, watscheln die einzelnen Gruppen ganz langsam vorwärts – von weitem wirkt es wie eine langsam rollende Bewegung. Andere ziehen es vor, eine Pause einzulegen, um in den wassergefüllten Bodensenken und Gräben zu baden und sich zu putzen. Daneben halten sich Kiebitze auf. Sie bilden keine geschlossenen Verbände, sondern haben sich weitläufig über das offene Gelände verteilt. Über 2000 von ihnen mögen es allein auf dieser einen Wiese sein, und hin und wieder sind mittendrin einzelne Goldregenpfeifer zu entdecken. Auf den trockeneren Flächen stochern mehrere hundert Stare mit den Schnäbeln im Boden, ebenso wie die Großen Brachvögel, die hier und da zwischen den Kiebitzen umherlaufen. Sie ziehen mit ihren langen gebogenen Schnäbeln Regenwürmer aus dem weichen Boden. Der sichelförmige Brachvogelschnabel ist im vorderen Teil besonders zart und tastempfindlich und bildet ein ideales Werkzeug zum Aufspüren der Würmer. Hier im Grünland halten sich hauptsächlich männliche Tiere auf, deren Schnäbel deutlich kürzer sind als diejenigen der Weibchen. Brachvögel suchen ihre Nahrung während der Zugzeit an und für sich am liebsten auf offenen Schlammflächen oder im Schlickwatt, wo sie die Wattringelwürmer aus ihren Gängen hervorziehen können. Wattringelwürmer sind erheblich nahrhafter als Regenwür-

Der Ruf des Großen Brachvogels gehört zu den schönsten und einprägsamsten Vogellauten überhaupt.

mer, doch mitunter kann es sein, daß sie sich infolge schlechten Wetters oder anderer besonderer Umstände tief in den Boden verkriechen und dann für die Brachvogelmännchen mit ihren kürzeren Schnäbeln unerreichbar sind. Diese müssen notgedrungen aufs feste Land überwechseln und sich mit den leichter zu fangenden, aber weniger geschätzten Regenwürmern begnügen. Die Weibchen mit ihren längeren Schnäbeln bleiben im Watt zurück und halten sich weiterhin an die Ringelwürmer.

Die Flußmündungen sind bei Flut auch das Jagdrevier des Mittelsägers. Er hat es hier auf Fische, zum Beispiel Flundern, Meergrundeln und Köhler, abgesehen. In den weiter nördlich gelegenen Ästuaren und Meeresarmen macht die Eiderente tauchend Jagd auf langsame oder ganz und gar ortsfeste Tiere wie Miesmuscheln, Strandschnecken, Krabben und Wellhornschnekken. Samt- und Trauerenten bevorzugen Meeresbuchten und Flußmündungen mit sandigerem Grund. Sie tauchen nach Herz- und Miesmuscheln, Venusmuscheln und anderen Schalentieren. Zur Zeit des höchsten Wasserstandes verfolgt der Kormoran die Flundern, Aale und anderen Fische, die mit dem auflaufenden Wasser in die Mündungsdeltas zurückgekehrt sind.

Die Flußmündungen sind so unermeßlich fruchtbar, daß man sich oft kaum vorstellen kann, welche Produktivkraft eigentlich in ihnen steckt. Der Fluß transportiert ohne Unterlaß neue Schlammteilchen und andere Sedimente heran, die dem Wasser ein trübes, schlieriges Aussehen geben. Man hat errechnet, daß sich allein im Wasser des Severn-Ästuars zu jedem beliebigen Zeitpunkt mindestens zehn Millionen Tonnen Schlamm als Schwebstoffe befinden. Die riesigen, nicht genau berechenbaren Nährstoffmengen für Pflanzen und Tiere, die mit dem Schlamm laufend herangeführt werden, verleihen dem Schlickboden in Verbindung mit verschiedenen mineralischen Salzen ein derartiges biologisches Potential, daß ein Hektar dieses Schlicks ohne weiteres doppelt soviel Biomasse erzeugen kann wie der allerbeste Ackerboden. Daß der Artenreichtum an Pflanzen und Tieren in den Mündungsgebieten unserer Flüsse trotzdem nicht sehr groß ist, ist lediglich eine Folge der schwierigen Umweltbedingungen. Wer hier leben will, muß den immerwährenden Wechsel von Ebbe und Flut, den schwankenden Salzgehalt des Wassers und die mitunter extremen Klimaverhältnisse ertragen können, die in diesem Lebensraum herrschen.

Dafür treten manche Kleintiere des Wattbodens in schier atemberaubender Dichte auf. Von dem 5 bis 7 Zentimeter langen Ringelwurm *Nereis* können mehr als 3 000 auf einem Quadratmeter leben, ein anderer Ringelwurm, *Pygospio elegans,* erreicht Besiedlungsdichten von über 500 000 Einzeltieren pro Quadratmeter. Von der Wattschnecke *Hydrobia,* dem Flohkrebs *Corophium,* manchen kleinen Plattmuscheln und vielen anderen Schlammbewohnern findet man Tausende auf der gleichen Fläche. Daneben leben mikroskopisch kleine Organismen, zum Beispiel Fadenwürmer, bei denen die entsprechende Dichte über 10 000 000 Individuen liegen kann. Für größere Meerestiere, vor allem Fische, sind die Flußmündungen äußerst wichtig für die Fortpflanzung – als Laichgebiete und Kinderstuben.

Angesichts dieser phänomenalen biologischen Produktivkraft nimmt es nicht wunder, daß in den Mündungsabschnitten der britischen Flüsse eine derart große Anzahl von Wat- und Schwimmvögeln einen reich gedeckten Tisch vorfindet. An den klimatisch begünstigten Küsten West- und Mitteleuropas liegen die Verhältnisse ganz ähnlich. Britische Ornithologen gehen davon aus, daß sich unter günstigen Umständen, namentlich zu den Zugzeiten, bis zu zwei Millionen Watvögel an den Küsten des Landes aufhalten. Auf der anderen Seite der Nordsee und des Ärmelkanals, von Nordfrankreich bis Dänemark, werden die entsprechenden Zahlen vermutlich kaum niedriger anzusetzen sein.

Bei den Watvögeln entscheidet die Schnabellänge über die Jagdtechnik und die Art der Nahrungsaufnahme. Sand- und Kiebitzregenpfeifer, die kurze, kräftige Schnäbel besitzen, erbeuten ihre Nahrung an der Bodenoberfläche oder in der obersten Bodenschicht bis in eine Tiefe von ein bis zwei Zentimetern. Sie verlassen sich bei der Jagd vor allem auf ihren Gesichtssinn. Mit schief nach einer Seite gerichtetem Kopf verharren sie reglos, laufen, sobald sie etwas Freßbares entdeckt haben, rasch darauf zu und erbeuten das betreffende Tier durch blitzschnelles Zustoßen mit dem Schnabel. Sie leben von kleinen Würmern, Flohkrebsen, Wattschnecken, kleinen Garnelen und anderen Krebschen. Der Knutt und der Alpenstrandläufer, deren Schnäbel eine mittlere Länge aufweisen, stochern im weichen Schlick oder bohren ihren Schnabel bis zum Ansatz in den Boden, wo sie die Beute mit Hilfe des Tastsinns aufspüren. Oft folgen sie dem ablaufenden Wasser und jagen direkt am Spülsaum. Der Rotschenkel ist ein Sichtjäger; er pickt in den

Die Zahl der Sandregenpfeifer, von denen einige im Mündungsbereich brüten, schwillt zur Zugzeit kurzzeitig enorm an.

Schlamm hinein und stochert darin, wenn er unter der Oberfläche eine Bewegung wahrnimmt. Auf seinem Speisezettel stehen kleine Krebse, Ringelwürmer aus der Gruppe der Vielborster, Muscheln und wieder einmal die allgegenwärtige Wattschnecke *Hydrobia.*

Die langschnäbeligeren, größeren Watvögel können größere Beutetiere aufnehmen. Sie können vor allem die Wattringelwürmer und Pierwürmer herausziehen, die tief im Schlick in ihren Röhren sitzen und für die kurzschnäbeligeren Limikolen nicht erreichbar sind. Pfuhl- und Uferschnepfen sind durchaus in der Lage, den Schlamm bis in eine Tiefe von zehn bis zwölf Zentimetern zu nutzen, und der Große Brachvogel schafft sogar noch etwa fünf Zentimeter mehr.

Die Watten der Ästuare sind nicht nur für die unübersehbaren Scharen überwinternder Vögel von Bedeutung, sondern auch für die Langstreckenzieher unter den Watvögeln, die im nahrungsreichen Watt Zwischenstops einlegen. Sanderling, Sichelstrandläufer, Steinwälzer, Sandregenpfeifer und teilweise auch der Alpenstrandläufer ziehen neben anderen Arten alljährlich zu Beginn der warmen Jahreszeit von den Küsten Afrikas bis weit hinauf in die Arktis. Sie schaffen die weite Strecke natürlich nicht im Non-Stop-Flug, sondern sie sind darauf angewiesen, daß sie auf ihrem Weg in regelmäßigen Abständen geeignete Rastbiotope vorfinden. Ohne den Schutz, den sie im Bereich der großen westeuropäischen Flußmündungen genießen und ohne das Nahrungsangebot, das dort auf sie wartet, könnten sie ihre weite Reise nicht durchhalten und wären damit sichere Todeskandidaten. Die Forschung ist heute der Ansicht, daß bei vielen der angesprochenen Limikolenarten nicht mehr die Bruthabitate, sondern vielmehr die Verteilung und Ausdehnung der Überwinterungs- und Rastgebiete den wesentlichen limitierenden Faktor darstellt.

Unter den heimischen Watvögeln ist der Austernfischer zweifellos einer der bekanntesten. Es gibt in West- und Mitteleuropa mit Sicherheit keine größere Flußmündung, in der sich nicht irgendwann einmal Austernfischer aufhalten, und sei es auch nur vorübergehend. Die unverwechselbaren schwarzweiß gezeichneten Vögel mit dem langen orangeroten Schnabel und den ebenso gefärbten Beinen sind, was ihren Nahrungserwerb betrifft, ausgesprochene Spezialisten: Sie leben von Muscheln, vor allem von überall zu findenden Arten wie Herz- oder Miesmuscheln. Wo diese Weichtiere häufig sind, sammeln sich im Winter die Austernfischer scharenweise. Sie stochern mit dem langen Schnabel im feuchten Sand und spüren so die unter der Oberfläche verborgenen Muscheln, beispielsweise Herzmuscheln, auf. Um die Schalen zu öffnen und an das

begehrte Muschelfleisch heranzukommen, was gar nicht so einfach ist, wie jeder bestätigen kann, der einmal versucht hat, eine lebende Muschel mit den Händen aufzubrechen, verfügt der Austernfischer über zwei verschiedene Techniken: Befindet sich die Beute auf trockenerem Sanduntergrund, schlägt der Vogel mit kräftigen Schnabelhieben ein Loch in die Schale, durch das er anschließend den Schließmuskel durchtrennen kann, mit dem die Muschel die beiden Hälften ihrer Behausung zusammenhält. Ist der Boden weich und nachgiebig, wird der Vogel eher versuchen, seinen Schnabel mehrmals in die zwei kleinen Löcher am hinteren Ende der Schale einzustechen. Es handelt sich dabei um die Einström- und die Ausströmöffnung, durch die die Muschel sauerstoffreiches, Nahrung enthaltendes Wasser einsaugt beziehungsweise wieder ausscheidet. Bei bodenbewohnenden Muscheln sind beide Öffnungen zu Röhren, den Siphonen, verlängert. Ist es dem Austernfischer gelungen, seinen Schnabel in eine dieser verwundbaren Stellen einzuführen, durchtrennt er ebenfalls den Schließmuskel und pickt anschließend das Fleisch sorgsam zunächst aus der einen und dann aus der anderen Hälfte heraus. Neben Muscheln verzehrt der Austernfischer gelegentlich auch Krabben. Er hat es als einziger europäischer Watvogel gelernt, sich ausgewachsene Schalentiere als Nahrungsquelle zu erschließen. Nur der Austernfischer, dessen Schnabel als Anpassung an diese spezielle Art des Nahrungserwerbs seitlich abgeflacht und besonders verstärkt ist, ist in der Lage, die nötige Kraft aufzubringen, um die harten, widerstandsfähigen Muschelschalen aufzubrechen. Früher hat er sicher auch Austern gefressen, was ihm seinen deutschen (und englischen) Namen eintrug, doch seitdem die Auster in Europa stark abgenommen hat, scheint die Artbezeichnung, zumindest diesseits des Atlantiks, nicht mehr ganz gerechtfertigt. Auf dem Speisezettel des nahe verwandten Amerikanischen Austernfischers, der seinem europäischen Vetter auch äußerlich sehr ähnelt, stehen dagegen auch heute noch Austern.

Der Waldwasserläufer kann sich in den Monaten Juli und August selbst an sehr kleinen Wasserflächen einstellen.

Nicht allein die Limikolen profitieren von den unermeßlich reichen Nahrungsreserven im (Fluß-)Watt. Ein weiterer Nutznießer dieser Energiequelle ist die Brandente, die die Küsten Westeuropas von Mittelnorwegen bis Südwestfrankreich nahezu lückenlos besiedelt. Die Brandente lebt selten weit vom Meer entfernt, auf dessen fruchtbare Wattzonen und flache, sonnige Küsten sie bei der Futtersuche beziehungsweise zur Anlage ihrer Bruthöhlen angewiesen ist. Zusammen mit der Eiderente ist die Brandente der Küstenvogel *par excellence.*

Brandenten sind in mancher Hinsicht eigenartige Vögel. Sie nehmen stammesgeschichtlich eine Zwischenstellung zwischen Gänsen und Enten ein (weshalb sie im Deutschen oft auch als Brandgänse bezeichnet werden), und sie haben eine ungewöhnliche, klar umrissene Sozialstruktur entwickelt. Bis Ende Februar findet innerhalb der Winterverbände die Paarbildung statt, wobei Vögel, die bereits im Vorjahr miteinander verpaart waren, sich in der Regel treu bleiben. Bis zur Ablage der Eier wird noch viel Zeit verstreichen, doch nachdem die Tiere verpaart sind, widmen sich die Partner zunächst einer anderen, sehr wichtigen Aufgabe: Sie versuchen, sich im Schlickwatt ein eigenes, ihnen allein vorbehaltenes Nahrungsrevier zu sichern. Dabei kommt es vor allem auf Routine und Erfahrung an, denn der Platz, der den Vögeln zur Verfügung steht, reicht oft bei weitem nicht für alle Interessenten aus. Nur diejenigen Paare, denen es gelingt, ein

Nahrungsrevier abzustecken und erfolgreich gegen eindringende Nachbarn zu verteidigen, werden später, gegen Ende April, Anfang Mai, zur Brut schreiten können.

Im Sozialsystem der Brandenten nehmen Aggressivität und mehrjährige Lebenserfahrung einen höheren Stellenwert ein als Jugend und Vitalität. So kommt es, daß hier das männliche Tier – anders als bei den übrigen Entenarten, aber ähnlich wie bei den nahe verwandten Gänsen – während des gesamten Brutverlaufs eine wichtige Funktion wahrzunehmen hat. Brandenten verteidigen nicht die nähere Umgebung des Nestes (wenn es die Umstände erlauben, nisten häufig mehrere Paare in sehr enger Nachbarschaft), sondern das besagte Nahrungsrevier. Während also das Weibchen in einem Kaninchenbau oder einem ähnlichen Erdloch auf den Eiern sitzt, kümmert sich draußen der resolute Erpel darum, daß niemand in das familieneigene Wattareal eindringt. Zweimal am Tag verläßt das Weibchen sein Gelege, um zusammen mit dem Partner im Watt Nahrung aufzunehmen. Jedesmal begleitet der Erpel – ganz Gentleman und Beschützer – seine Partnerin auf dem Heimweg und bezieht anschließend wieder Posten im offenen Watt.

Sobald die Jungen geschlüpft sind, werden sie von beiden Eltern in das Nahrungsrevier geleitet, wobei das Weibchen die Führung übernimmt und das Männchen die Nachhut bildet. Mitunter haben die Brandentenfamilien vom Nest ins Watt erhebliche Entfernungen zurückzulegen – ein bis eineinhalb Kilometer sind keine Seltenheit. Bis die Kleinen draußen in Sicherheit sind, kann da allerhand passieren.

Brandenten sind aggressive, streitsüchtige Vögel, und so kommt es zwischen den einzelnen Familien dauernd zu Auseinandersetzungen. Viele dieser Tätlichkeiten und Grenzstreitigkeiten gehen vom Weibchen aus: Es macht den Erpel mit weit vorgestrecktem Kopf auf mutmaßliche Störenfriede aufmerksam und veranlaßt ihn dadurch, seinerseits sofort aktiv zu werden. Er gibt seinem Weibchen zunächst durch ruckartiges Auf- und Niederwerfen des Kopfes zu verstehen, daß er begriffen hat, und nimmt dann Hals über Kopf die Verfolgung auf. Während dieser dauernden Raufereien und Streitereien geraten die Jungvögel häufig vollkommen durcheinander, weil jedes der Tiere sich im Fall des Falles schleunigst zum nächstbesten Nachbarn flüchtet. So kann es passieren, daß manche Brandentenpaare hinterher 15 oder 20, andere dagegen nur ein oder zwei Junge zu beaufsichtigen haben.

Dieses Durcheinander macht den Vögeln wenig aus und zieht auch keinerlei Konsequenzen nach sich, denn in dieser Zeit setzt bei den Altvögeln die Mauser des Körpergefieders ein, und Anfang Juli bahnt sich ein weiteres wichtiges Ereignis im Jahreszyklus der Brandenten an: Die

Austernfischer halten sich oft an der Flutlinie auf. Sie sind Spezialisten im Aufbrechen von lebenden Muscheln.

erwachsenen Tiere sammeln sich und bilden locker zusammenhaltende Verbände. Während die halbwüchsigen Nachkommen unter der Obhut von einem oder zwei »Kindermädchen« zurückbleiben, treten die Altvögel ihren Mauserzug an, dessen Ziel das Watt um die Insel Trischen in der Deutschen Bucht ist. Auf den ausgedehnten Sänden versammelt sich um diese Zeit die gesamte Brandentenpopulation Nordwesteuropas. Hier vermausern die Vögel ihre Schwungfedern. Sie sind jetzt etwa vier Wochen lang flugunfähig und bleiben so lange, bis die neuen Federn vollständig nachgewachsen sind. Britische Vögel treffen auf Trischen mit Artgenossen von der Ostsee, aus Irland, Skandinavien, Holland, Belgien und von der deutschen Nordseeküste zusammen. Zeitweise halten sich rund um diese Insel 100 000 oder mehr Einzeltiere auf. Erst im September löst sich die Versammlung allmählich auf, und die Vögel wandern nach und nach etappenweise in ihre Brutgebiete zurück.

Besonders typisch für den Mündungsbereich der Flüsse ist die Brandente.

In manchen größeren Ästuaren befinden sich Möwen- und Seeschwalbenkolonien, doch ihre Zahl nimmt in neuerer Zeit durchweg ab. Noch vor wenigen Jahrzehnten war die Vogelwelt der Flußmarschen und Salzwiesen sehr viel reichhaltiger als heute. In den weiten Wiesen der Solway-Bucht, die wie ein riesiger Keil zwischen den Mündungen der Flüsse Esk und Eden lagen, hallten an so manchem schneidendkalten Wintertag die Rufe der Wildgänse über das weite Land, die in langen Ketten zu Tausenden zwischen der Marsch und der schottischen Küste hin- und herwechselten. Pfuhlschnepfen zeigten ihre imposanten Flugkünste. Die atemberaubenden Flugmanöver der kopfstarken Verbände waren absolut perfekt: Trotz hoher Geschwindigkeit und blitzschneller Richtungsänderungen verliefen sie vollkommen synchron. Weit draußen im Vorland wimmelte es von durcheinanderlaufenden Brachvögeln, Alpenstrandläufern und Knutts. Während des Sommers grasten in der Marsch Rinder und Schafe. Das flache Land war ein einziges Paradies, die beherrschenden Eindrücke Weite, Wärme, Sonne, Farbenreichtum und Vögel über Vögel. Sie nisteten anscheinend überall: In den ausgedehnten Strandnelkenbeständen brüteten Austernfischer und Kiebitze. Die pausenlos zu hörenden Alarmrufe der Rotschenkel begleiteten den

Besucher auf Schritt und Tritt. Unverhofft stieß man, unter Grasbüscheln verborgen, auf Gelege von Alpenstrandläufern, deren Nester noch schwerer zu finden sind als die ohnehin schon gut getarnten Nester der Feldlerchen. Teile der Marschwiesen wurden von weitläufigen Möwenkolonien eingenommen – am Fuß der vielen hohen Pfähle, die überall verstreut in den Himmel ragten, befand sich jeweils ein Möwennest. (Die Pfähle sollten im Krieg deutsche Flugzeuge an der Landung hindern.) Weiter draußen nisteten Fluß- und Küstenseeschwalben, deren Gelege in Bodenmulden zwischen Strandnelken, Löffelkraut und Salzmelden am allerschwierigsten zu finden sind. Sobald man sich näherte, flogen die Vögel von ihren Nestern auf und erfüllten die Luft mit ihren durchdringenden Rufen – eine aufgeregte, große weiße Wolke.

Diese ökologische Vielfalt und dieser – auch quantitativ – ungeheuer eindrucksvolle Reichtum an Vögeln gehören, wie gesagt, der Vergangenheit an, doch noch immer zählen die Flußmündungen, sofern sie einigermaßen naturnah geblieben sind, zu den wichtigsten Rückzugsgebieten für viele heimische Vögel. Der folgende Beobachtungsbericht mag als Beweis dafür dienen: Der Ort des Geschehens ist eines der kleineren Ästuare an der Westküste Großbritanniens; die Zeit: ein Spätnachmittag gegen Ende des Winters. Das Wasser hat seinen Tiefstand soeben überschritten, und die Flut beginnt wieder aufzulaufen. Die Boote, die weit draußen an Pfosten vertäut sind, schwojen mit dem hereinkommenden Wasser herum und weisen jetzt mit dem Bug aufs Meer und mit dem Heck zum Land. Ein großer Starenschwarm, der bis eben unter lautem Zwitschern und Schwätzen auf den Salzwiesen geschäftig nach Freßbarem gesucht hatte, erwacht plötzlich aus seiner beschaulichen Ruhe. Die Vögel fliegen auf und zeichnen sich am Himmel als dichte schwarze Wolke ab. Einige Kiebitze und ein kleiner Trupp Krickenten, die sich ganz in der Nähe aufgehalten hatten, stieben ebenfalls Hals über Kopf auf. Der Grund für die plötzliche Unruhe ist ein Wanderfalke, dessen sichelförmige Silhouette über der Marsch aufgetaucht ist. Doch die Vögel haben Glück, denn diesmal hat der schnelle Jäger kein bestimmtes Beutetier im Visier. Er beschreibt einen großen Bogen über den Salzwiesen und blockt auf einem ausgebleichten, abgestorbenen Baum auf, der irgendwann vom Fluß mitgerissen worden ist und nun als Treibgut hier in der Marsch liegt.

Die Flußmarschen sind für Greifvögel ein ergiebiges Jagdrevier. Obwohl dieses Ästuar recht klein ist, erscheinen hier in regelmäßigen Abständen ein zweiter Wanderfalke, zwei oder drei verschiedene Merline und eine Kornweihe. Die Merline dezimieren zusammen mit mehreren Sperbern, die von den angrenzenden Wiesen und Feldern herüberkommen, die Kleinvogelschwärme in den trockeneren Teilen der Marsch, während die Wanderfalken die Enten und Watvögel draußen im Watt in Furcht und Schrecken versetzen. Die gewandte, anmutige Kornweihe schlägt vor allem Wühlmäuse und andere Kleinsäuger in den Wiesen oberhalb der Flutmarke, aber wenn sich hin und wieder die Gelegenheit ergibt, einen kleineren Vogel im Überraschungsangriff zu überrumpeln, ist ihr das nur recht. Mitunter lassen sich auch einzelne Sumpfohreulen blicken. Sie gehören im Winter in vielen Ästuaren zu den regelmäßigen Gästen. Sie haben es ebenfalls in erster Linie auf kleine Säugetiere abgesehen. Sobald die Gefahr in Gestalt des überhinfliegenden Wanderfalken vorüber ist, fallen die Stare, Kiebitze und Krickenten wieder in den Salzwiesen ein und beginnen erneut mit der Suche nach Futter. Die Marschlandschaft bietet nach diesem kurzen Intermezzo wieder ein Bild der vollkommenen Ruhe. Die Sonne steht bereits tief über dem Wasser; ihre letzten leuchtenden Strahlen zaubern eine friedvolle Abendstimmung.

Dieses Ästuar mißt in der Länge nur knapp fünf Kilometer. Im Norden und Süden wird es von hohen Bergen eingefaßt, deren Flanken zum Rand der Marsch hin abfallen. Obgleich von ihm eine Atmosphäre des Unüberschaubaren, Aufregenden ausgeht, die einem eigentlich nur größere Deltalandschaften vermitteln können, wirkt es gleichzeitig auf eine ganz besondere Weise vertraut – wie eine gute Stube, die die Natur eigens eingerichtet hat. Die 400 Meter breite Salzwiesenzone zwischen dem Fuß der Berge und dem Flußufer erscheint auf den ersten Blick flach und leer; die einzige Abwechslung bieten die unvermeidlichen, altersgrauen Pfosten, die hier überall in der Marsch, planlos verstreut, die Landschaft »zieren« und jetzt in der Abendsonne lange Schatten auf das Gras werfen. Die Grasnarbe sieht stellenweise gelblich bleich aus – die vertrockneten vorjährigen Rispen und Blätter sind inmitten des neu hervorsprießenden Grüns noch zu erkennen. Im Licht des Abends heben sich deutlich einzelne vertrocknete Binsenhorste und Grasbüschel ab. In den etwas tiefer gelegenen Salzwiesen direkt am Wasser herrscht ein bräunlichgelber Farbton vor, den die tiefstehende Sonne noch unterstreicht. Hier sind ausgedehnte Flächen mit Salz-Schlickgras bewachsen, einer ursprünglich aus Nordamerika stammenden Pionierpflanze, die sich auf offenem Schlick rasch auszubreiten vermag. Zwischen den Wurzeln und Halmen setzen sich feinste Bodenteilchen ab und tragen zur Festigung und Aufhöhung des Wattbodens bei. Aus der Entfernung wirkt die Marsch so eben wie ein Fußballplatz, doch in Wahrheit ist sie vielfach von seichten, gewundenen Prielen und von flachen Tümpeln und Bodenvertiefungen unterbrochen, die andeuten, wo die Priele in früherer Zeit verliefen. Zunächst entdeckt man in der Marsch nur wenige Vögel, doch auch das täuscht: Aus einer Bodensenke rufen Pfeifenten, die dort der Nahrungssuche nachgehen; aus der gleichen Senke taucht ein Großer Brachvogel auf, dem sogleich ein zweites Tier folgt. Von einem der Priele fliegt ein Rotschenkel ab und streicht hinüber zum Flußufer. Während ich ihn mit dem Glas verfolge, entdecke ich eine weitere Gruppe Großer Brachvögel, die reglos und unbemerkt im Gras ausruhen. Je länger man das Gelände absucht, desto mehr Einzelheiten fallen einem auf: Stockenten (die jetzt schon paarweise zusammenhalten und in Kürze mit der Brut beginnen werden), Brandenten, gleichfalls bereits verpaart, ein Trupp Wiesenpieper und eine Gruppe von Krickenten, die von einem der versteckt liegenden Tümpel auffliegen, um sich kurz darauf auf irdendeinem anderen niederzulassen. Wer genau hinschaut, merkt, daß sich überall in den Marschwiesen Vögel aufhalten, und zwar nicht nur an dieser Stelle, sondern ebenso in jeder anderen vergleichbaren Flußmündung.

Die Limikolen, deren Brutheimat im Norden und Osten liegt, berühren das Gebiet der Bundesrepublik auf dem Zug ähnlich zahlreich wie Großbritannien; teilweise halten sie sich auch den ganzen Winter über in Mitteleuropa auf. Der aus der arktischen Tundra kommende Kiebitzregenpfeifer läßt sich in bezug auf Größe und Aussehen mit dem Goldregenpfeifer vergleichen, ist aber oberseits nur schwarz und weiß gemustert. Ihm fehlen also die goldgelben Farbtöne. Der Steinwälzer brütet bereits auf den dänischen Kattegat-Inseln sowie an den Küsten Norwegens, Schwedens und Finnlands. Die Strandläufer dagegen haben, wenn sie im Spätsommer in Mitteleuropa ankommen, bereits eine weite Reise hinter sich: Der Knutt (oder Küstenstrandläufer) brütet in Grönland und Sibirien, der Sanderling auf Spitzbergen und in Grönland und der

Flußseeschwalben sind wie alle ihre Verwandten wendige, geschickte Flieger.

Sichelstrandläufer, dessen deutscher Name sich auf den im Unterschied zu anderen Arten leicht gebogenen Schnabel bezieht, kommt aus dem arktischen Mittel- und Ostsibirien. Bei diesen Arten, die ja recht selten mit Menschen in Berührung kommen, kann man oft eine erstaunlich geringe Scheu feststellen. Fluchtdistanzen von wenigen Metern sind nicht ungewöhnlich – sehr zur Freude des Beobachters, der sein Fernglas in solchen Fällen gar nicht benötigt. Die Pfuhlschnepfe, deren nächstgelegene Brutplätze sich in Nordschweden befinden, ähnelt der heimischen Uferschnepfe. Ihr fehlt allerdings deren breite weiße Flügelbinde sowie die kontrastreiche schwarzweiße Schwanzzeichnung.

Der Rotschenkel und der Große Brachvogel brüten auch in der Bundesrepublik, schwerpunktmäßig im Norden. Beide Arten sind heute bedroht; vor allem im Binnenland gingen durch Grünlandumbruch und Meliorationsmaßnahmen zahlreiche Brutplätze verloren – eine Entwicklung, die sich nach der EG-Milchquotenregelung vermutlich noch verstärken wird. Nicht oder noch nicht unmittelbar gefährdet sind der Kiebitz, der Austernfischer und der Sandregenpfeifer, der dem Flußregenpfeifer ähnlich sieht, aber nur in Küstennähe vorkommt. Der Kiebitz galt lange als Paradebeispiel dafür, daß sich eine Vogelart erfolgreich an veränderte Umweltbedingungen anzupassen gelernt hat. Es ist zwar richtig, daß er neben seinem ursprünglichen Lebensraum, nämlich (vorzugsweise feuchten) Wiesen, inzwischen auch auf Intensivweiden und relativ trockenen Äckern brütet, doch der Bruterfolg ist neueren Untersuchungen zufolge wegen der vielen, dicht aufeinander folgenden Bearbeitungsgänge auf solchen landwirtschaftlich genutzten Flächen sehr viel geringer, und es bleibt abzuwarten, ob der schwarzweiße, temperamentvolle Vogel mit dem markanten Federschopf seinen Bestand in Zukunft halten kann.

Bei den »grauen« Gänsen liegen die Verhältnisse in Deutschland ebenfalls ähnlich wie auf den britischen Inseln. Mit Ausnahme der Graugans, die in Niedersachsen und Schleswig-Holstein brütet, sind alle Arten nur Durchzügler beziehungsweise Wintergäste. Nicht erwähnt, aber für mitteleuropäische Beobachter nicht unwichtig ist die Saatgans, die man im Winter auch tief im Binnenland und auch an vergleichsweise kleinen Flüssen antreffen kann. Sie ist insgesamt dunkler als die Graugans, und der Schnabel ist schwarz mit gelblicher Binde. Eiderente, Trauerente und Samtente werden zusammen mit einigen weiteren, meist seltenen Arten treffend als »Meerenten« bezeichnet. Man trifft sie in der Tat hauptsächlich auf Salzwasser an; in geringer Zahl verstreichen sie jedoch gelegentlich auch weiter ins Binnenland. Die Eiderente ist die einzige aus dieser Gruppe, die auch an der deutschen Nordseeküste brütet.

Die Seeschwalben (Gattung *Sterna*) sind – nicht nur in Deutschland – vor allem an der Küste zu finden. Eine Ausnahme bildet dabei die Flußseeschwalbe, deren engere Bindung an Flüsse ja bereits im deutschen Namen zum Ausdruck kommt. Sie benötigt zur Brut kiesige oder sandige Inseln, die allerdings in den Flüssen kaum noch vorhanden sind oder zu häufig betreten werden. Kleinere Bestände der grazilen, sehr wendigen Art, die mit den eigentlichen Schwalben außer dem gegabelten Schwanz nichts gemeinsam hat, halten sich dank intensiver Schutzbemühungen zum Beispiel an manchen südbayrischen Flüssen und Seen, am Bodensee und anderswo.

Von den erwähnten Greifvögeln kann man den Merlin in Deutschland nur als Durchzügler und Wintergast erwarten. Er tritt jedoch nirgends häufig auf. Sein großer Verwandter, der Wanderfalke, zählt ebenso wie die Kornweihe zu den seltenen und akut bedrohten Brutvögeln in Mitteleuropa. Während sich die Zahl der Wanderfalken in Süddeutschland durch Schutzmaßnahmen wie Horstbewachung und Auswilderungsprogramme wieder etwas erhöht hat, nimmt die Kornweihe weiter ab. Gegenwärtig gibt es in der Bundesrepublik nur noch etwa 10 Brutpaare. Gleichfalls sehr selten ist die Sumpfohreule, deren mitteleuropäischer Verbreitungsschwerpunkt in Niedersachsen und Schleswig-Holstein liegt. Der Sperber ist in Deutschland noch mehr oder weniger flächendeckend verbreitet, mit dem Schwerpunkt in Waldgebieten. Er hat jedoch durch die Pestizidbelastung in neuerer Zeit sehr gelitten. Die Schadstoffe, die die Vögel mit ihrer Nahrung aufnehmen, beeinflussen den Kalkstoffwechsel der Tiere. Das hat zur Folge, daß die Eischalen oft so dünn werden, daß sie beim Brüten zerbrechen. Im Winter kann man den kleinen Greif nicht selten in und bei Ortschaften bei der Jagd auf Haussperlinge und andere Kleinvögel beobachten.

Die Feldlerche kennt wohl fast jeder. Sie gehört zu unseren beliebtesten und verbreitetsten Singvögeln und ist auch heute noch in der ausgeräumten Kultursteppe zahlreich vertreten. Auf manchen Äckern ist die Feldlerche der letzte bodenständige Vogel überhaupt; sie bringt mit ihrem im Flug vorgetragenen Gesang ein wenig Leben und Farbe in viele ansonsten recht trostlos anmutende Landschaften.

Neben den Enten und den Watvögeln bilden die Greife die dritte ökologisch wichtige Gruppe am Strand und im Watt.

Unter dem schlanken Bogen der Severn-Brücke vereinen sich die Schwesterflüsse Wye und Severn wieder miteinander, nachdem sie auf getrennten Wegen vom Plynlimon-Massiv zum Meer hinabgeflossen sind. Gemeinsam bilden sie, wie es ihnen ihrer Bedeutung nach zukommt, das größte Ästuar Großbritanniens, den Bristol-Kanal. Braun und bedrohlich sieht das strudelnde Wasser aus, das sich da unter der Brücke in mehreren Einzelarmen zwischen den Sandbänken hindurchwälzt. Im grauen Dämmerlicht des Abends rudert ein Graureiher – nur als schwärzliche Silhouette zu erkennen – mit langsamen, aber stetigen Flügelschlägen quer über den Kanal. Auf durchgebogenen Schwingen, mit eingezogenem Kopf und lang ausgestreckten Beinen müht er sich, gegen den Wind anzukommen: Die Flügelspitzen berühren beinahe das leicht gekräuselte Wasser. Mit einem letzten kurzen Gleiten schwingt er sich auf die Felsbrocken, die dort hart am Ufer liegen. Dann faltet er die Flügel zusammen, schüttelt sich noch einmal und steht geduckt, aber satt und zufrieden auf seinem Platz: Vogel und Fluß in vollendetem Gleichklang. Der Graureiher hat sich als treuer Begleiter des Stromes erwiesen. Er war zugegen, als der Fluß in den menschenleeren Mooren und Sümpfen des Plynlimon entstand, er fischte am Oberlauf, nistete am fruchtbaren Tieflandsabschnitt und ließ sich auch von den Mauern der Stadt nicht abschrecken. Jetzt, da der Fluß sein Ziel erreicht hat und sein Wasser im Meer aufgeht, ist er ebenfalls da: Wie kein zweiter Vogel symbolisiert der Graureiher die Einheit zwischen dem Strom und den ihn umgebenden und von ihm abhängigen natürlichen Lebensgemeinschaften.

Index

Alpenstrandläufer 27, 28, 29, 32, 48, 77, 112, 113, 118, 119, 122, 123
Amsel 68, 69, 92, 94, 96, 108
Austernfischer 49, 119, 120, 121, 122, 125

Bachstelze 41, 42, 86/87, 89, 90, 95, 108
Baumpieper 45, 46
Bekassine 26, 27, 29, 32, 48, 66, 96
Birkenzeisig 31, 43, 56, 94
Blaumeise 44, 56, 96
Bläßgans 20, 21, 32, 64, 114, 115, 116, 117
Bläßralle 50, 54, 72, 81, 97, 105, 108
Bluthänfling 49, 56
Brandente 65, 66, 84, 107, 108, 110/111, 112, 120, 121, 122, 124
Bruchwasserläufer 77, 78, 84
Buchfink 92, 94, 108
Buntspecht 43, 56, 69, 94

Dohle 44
Dorngrasmücke 46, 47, 56, 68, 69
Dunkler Wasserläufer 77, 78, 84

Eiderente 118, 125
Eisvogel 50, 58/59, 72, 73, 75, 84, 88, 96, 100, 101
Elster 20
Erlenzeisig 31, 43, 56

Feldlerche 22, 24, 68, 123, 125
Fischadler 31, 101, 102, 108
Fitislaubsänger 45, 56
Flußregenpfeifer 48, 49, 107, 108, 125
Flußseeschwalbe 123, 124, 125
Flußuferläufer 10/11, 14, 22, 29, 31, 32, 48, 60
Fuchs 27, 28, 70, 92, 98

Gartenbaumläufer 56
Gartengrasmücke 45, 56, 69
Gartenrotschwanz 44, 56
Gänsesäger 20, 32, 34/35, 45, 46, 50, 52, 53, 54, 56, 60, 100, 105
Gebirgsstelze 24, 31, 34/35, 41, 42, 54, 60, 88, 89, 90, 95
Goldammer 47, 48, 56, 75, 107
Goldregenpfeifer 14, 28, 29, 32, 114, 117, 124
Grauammer 108
Graugans 64, 65, 110/111, 114, 115, 116, 125
Graureiher 29, 31, 32, 34/35, 37, 49, 75, 76, 100, 101, 102, 105, 126
Grauschnäpper 69
Großer Brachvogel 37, 112, 114, 117, 118, 119, 122, 124, 125
Großtrappe 98
Grünfink 49, 56, 69, 96
Grünschenkel 77, 78, 84

Haubentaucher 80, 81, 82, 84, 105, 106, 107
Haussperling 92, 94, 97, 108, 125
Haustaube 97
Heckenbraunelle 69, 90, 94, 96, 108
Hohltaube 60, 61, 84
Höckerschwan 62, 63, 65, 84, 86/87, 88, 97, 98, 99, 105, 107

Kampfläufer 66, 77, 84
Kanadagans 76, 77, 84, 107
Kiebitz 48, 58/59, 64, 66, 107, 114, 117, 122, 123, 125
Kiebitzregenpfeifer 113, 118, 124
Kleiber 43, 56, 69
Kleinspecht 69
Knäkente 66, 84
Knutt 118, 122, 124
Kohlmeise 44, 56, 95, 96
Kolkrabe 10/11, 12, 13, 14, 16, 17, 18, 20, 24, 27, 29, 32
Kormoran 49, 50, 54, 86/87, 88, 100, 101, 108, 118
Kornweihe 15, 16, 29, 64, 123, 125
Krähenscharbe 49
Krickente 23, 24, 32, 52, 64, 65, 66, 107, 123, 124
Kurzschnabelgans 64, 114, 115, 116
Küstenseeschwalbe 123

Lachmöwe 24, 25, 26, 27, 49, 97, 108, 110/111
Löffelente 65, 66, 84, 104, 105

Mandarinente 52, 104, 105, 106, 107, 108
Mauersegler 105, 108
Mäusebussard 10/11, 15, 17, 20, 29, 32
Mehlschwalbe 105, 108
Merlin 15, 16, 64, 123, 125
Mittelsäger 52, 54, 56, 118
Mönchsgrasmücke 45, 56, 69

Nachtigall 69

Otter 48, 88

Pfeifente 58/59, 64, 65, 84, 107, 117, 124
Pfuhlschnepfe 119, 122, 125

Rabenkrähe 10/11, 13, 17, 18, 24, 27, 29, 32, 53, 92
Rauchschwalbe 68
Reiherente 20, 32, 50, 54, 65, 66, 86/87, 97, 102, 104, 105
Ringdrossel 24
Ringelgans 114, 116
Ringeltaube 61, 69, 84, 88, 96, 108
Rohrammer 23, 24, 29, 32, 48, 60, 63, 75, 96, 105
Rotdrossel 64
Rothalsgans 116, 117
Rotkehlchen 44, 56, 69, 95, 96
Rotmilan 12, 14, 16, 17, 19, 20, 27, 32
Rotschenkel 66, 68, 110/111, 113, 118, 119, 122, 124, 125

Saatgans 125
Saatkrähe 44
Samtente 118, 125
Sanderling 119, 124
Sandregenpfeifer 48, 49, 118, 119, 125
Schafstelze 41, 42, 80, 84, 108
Schellente 20, 32, 50, 52, 53, 54
Schilfrohrsänger 60, 63, 68, 69, 84, 107, 108
Schleiereule 61
Schnatterente 65, 66, 84, 105, 106
Schneeammer 107, 108
Schottisches Moorschneehuhn 12, 14, 16, 17, 22, 29, 32
Schwarzkehlchen 46, 47, 56
Sichelstrandläufer 119, 125
Singdrossel 69
Singschwan 20, 58/59, 62, 63, 64, 84
Sperber 64, 96, 123, 125
Spießente 65, 84, 107
Star 44, 56, 68, 89, 96, 100, 117, 123
Steinadler 14
Steinkauz 61, 84
Steinwälzer 113, 114, 119, 124
Stieglitz 49, 56
Stockente 24, 52, 54, 64, 65, 66, 69, 84, 88, 90, 92, 93, 97, 100, 107, 124
Sumpfmeise 43, 56
Sumpfohreule 15, 27, 107, 123, 125
Sumpfrohrsänger 84, 108

Tafelente 20, 32, 50, 54, 65, 66, 102, 104, 105, 107
Teichralle 60, 68, 69, 70, 71, 72, 81, 84, 88, 97, 100, 105
Teichrohrsänger 105, 107, 108
Trauerbachstelze 41
Trauerente 118, 125
Trauerschnäpper 44, 56
Turmfalke 61, 68, 100
Turteltaube 69

Uferschnepfe 65, 66, 77, 84, 119, 125
Uferschwalbe 46, 60, 82, 83, 84, 107

Wacholderdrossel 64
Waldbaumläufer 43, 56, 69
Waldkauz 36, 44, 53, 56, 100
Waldlaubsänger 44, 45, 56
Waldschnepfe 42, 43, 56
Waldwasserläufer 48, 77, 84, 120
Wanderfalke 12, 15, 16, 64, 123, 125
Wasseramsel 22, 31, 39, 40, 41, 50, 54, 60, 88, 95, 100, 101
Wasserralle 78, 80, 81, 84, 96
Weißwangengans 84, 114, 115, 116
Wiesenpieper 22, 24, 29, 32, 90, 100, 124

Zaunkönig 24, 69, 94, 108
Zilpzalp 82
Zwerggans 115, 117
Zwergsäger 56, 104, 105, 108
Zwergschwan 62, 63, 64, 65, 84
Zwergtaucher 96, 97, 105, 106, 107, 108

Weiterführende Literatur

Boag, D., *Der Eisvogel,* Neumann-Neudamm, 1983

Cramp, S. u.a., *Birds of the Western Palearctic,* 3 Bde., Oxford University Press, 1977–83

Glutz von Blotzheim, U.N. und K.M. Bauer (Hrsg.), *Handbuch der Vögel Mitteleuropas,* 9 Bde. erschienen, Aula Verlag, Wiesbaden

Kalbe, L., *Ökologie der Wasservögel,* A. Ziemsen Verlag, Wittenberg Lutherstadt, 1978

Macan, T.T. und E.B. Worthington, *Life in Lakes and Rivers,* New Naturalist Series, Collins, 1951

Podloucky, R., *Der Niederelberaum – Industrie kontra Natur,* o.O., 1980

Tamm, J., »Angler und Naturschützer – Feindliche Brüder?«, *Natur und Landschaft* 56 (1981), Nr. 3

48,-